SHI DA

KEXUE

JIHUA

十大科学计划

刘路沙 **主编**

李达顺 孙宏安 李亦蔚 **编著**

广西出版传媒集团 | 广西科学技术出版社

图书在版编目（CIP）数据

十大科学计划 / 刘路沙主编. —南宁：广西科学技术
出版社，2012.8（2020.6重印）

（十大科学丛书）

ISBN 978-7-80666-158-1

Ⅰ．①十… Ⅱ．①刘… Ⅲ．①自然科学—青年读物
②自然科学—少年读物 Ⅳ．① N49

中国版本图书馆 CIP 数据核字（2012）第 190773 号

十大科学丛书
十大科学计划
刘路沙　主编

责任编辑	梁珂珂	**封面设计**	叁壹明道
责任校对	葛　玲	**责任印制**	韦文印

出 版 人	卢培钊
出版发行	广西科学技术出版社
	（南宁市东葛路 66 号　邮政编码 530023）
印　　刷	永清县晔盛亚胶印有限公司
	（永清县工业区大良村西部　邮政编码 065600）
开　　本	700mm×950mm　1/16
印　　张	11
字　　数	142千字
版次印次	2020 年 6 月第 1 版第 4 次
书　　号	ISBN 978-7-80666-158-1
定　　价	21.80 元

代序　致二十一世纪的主人

钱三强

时代的航船已进入 21 世纪。在这时期，对我们中华民族的前途命运，是个关键的历史时期。现在 10 岁左右的少年儿童，到那时就是驾驭航船的主人，他们肩负着特殊的历史使命。为此，我们现在的成年人都应多为他们着想，为把他们造就成 21 世纪的优秀人才多尽一份心，多出一份力。人才成长，除了主观因素外，在客观上也需要各种物质的和精神的条件，其中，能否源源不断地为他们提供优质图书，对于少年儿童，在某种意义上说，是一个关键性条件。经验告诉人们，往往一本好书可以造就一个人，而一本坏书则可以毁掉一个人。我几乎天天盼着出版界利用社会主义的出版阵地，为我们 21 世纪的主人多出好书。广西科学技术出版社在这方面作出了令人欣喜的贡献。他们特邀我国科普创作界的一批著名科普作家，编辑出版了大型系列化自然科学普及读物——《少年科学文库》（以下简称《文库》）。《文库》分"科学知识""科技发展史"和"科学文艺"三大类，约计 100 种。《文库》除反映基础学科的知识外，还深入浅出地全面介绍当今世界最新的科学技术成就，充分体现了 20 世纪 90 年代科技发展的前沿水平。现在科普读物已有不少，而《少年科学文库》这批读物的特有魅力，主要表现在观点

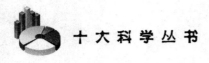

新、题材新、角度新和手法新，内容丰富、覆盖面广、插图精美、形式活泼、语言流畅、通俗易懂，富于科学性、可读性、趣味性。因此，说《文库》是开启科技知识宝库的钥匙，是缔造21世纪人才的摇篮，并不夸张。《文库》将成为中国少年朋友增长知识、发展智慧、促进成才的亲密朋友。

亲爱的少年朋友们，当你们走上工作岗位的时候，呈现在你们面前的将是一个繁花似锦、具有高度文明的时代，也是科学技术高度发达的崭新时代。现代科学技术发展速度之快、规模之大，对人类社会的生产和生活产生影响之深，都是过去所无可比拟的。我们的少年朋友，要想胜任驾驭时代航船，就必须从现在起努力学习科学，增长知识，扩大眼界，认识社会和自然发展的客观规律，为建设有中国特色的社会主义而艰苦奋斗。

我真诚地相信，在这方面，《文库》将会给你们提供十分有益的帮助，同时我衷心地希望，你们一定为当好21世纪的主人，知难而进，锲而不舍，从书本、从实践中汲取现代科学知识的营养，使自己的视野更开阔、思想更活跃、思路更敏捷，更加聪明能干，将来成长为杰出的人才和科学巨匠，为中华民族的科学技术实现划时代的崛起，为中国迈入世界科技先进强国之林而奋斗。

亲爱的少年朋友，祝愿你们奔向21世纪的航程充满闪光的成功之标。

目 录

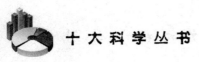

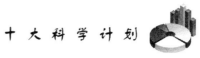

阿波罗计划

阿波罗计划的全称为阿波罗载人登月计划（Apollo Manned Lunar Landing Project），是美国于 20 世纪 60 年代至 70 年代初组织实施的载人登月计划。其目的是实现载人登月飞行和人对月球的实地考察，为载人行星飞行和探测进行技术准备。阿波罗计划的成功，被誉为人类航天史上具有划时代意义的一项成就。

一、向往月球

月球是地球的卫星，也是离地球最近的天体，它最早受到人们的仔细关注。月球与人类生活有着密切的关系，我国的传统历法农历就是根据月球的运行周期来修订的。夜晚，放射着清辉的明月引起人们的无限遐想……到月球上去漫游是古人神往之事。

如果说"嫦娥奔月"还只是出自人们的想像，那么 17 世纪的科学家们描绘的则是有一定科学根据的科幻场景了。德国著名天文学家开普勒是最早撰写太空科学幻想小说的人，他的作品《梦游》描述了人们飞往月球的情景。法国作家 S·C·德贝尔热拉克紧随其后，在他的幻想小说《月球旅行》中，设想了火箭和太阳能推进器。19 世纪，新的技

1

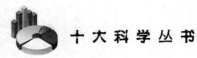

术发展又进一步推动了人们对月球新的幻想，其著名者为法国作家 J·凡尔纳的幻想小说《从地球到月球》和《环游月球》，它们均产生了广泛的影响。

当然，人们并不仅仅满足于编织向往月球的神奇故事，同时也开始了把"向往"之情落到实处的行动。

要飞向月球，就要有推行的动力。这种动力的原理——火箭原理在中国古代就已得出，现在人们倾向于认为，不迟于 12 世纪，中国人就发明了靠火药燃烧喷射推进的火箭。在 14 世纪，便有人做了利用火箭离开地面升空的最初的尝试：明朝的一位木匠万户把自己和数十枚火箭一同捆绑到椅子上，他两手各持大风筝，然后叫人点燃火箭，升入空中，结果万户不幸坠地身亡。虽然飞行失败，但却是人类的第一次火箭

明朝木匠万户试图乘火箭升空

飞行，是一次伟大的壮举，受到全世界人民的敬重。为纪念这位木匠，现在月球表面东方海附近的一座环形山被命名为万户山。

13世纪，中国的火药、火箭技术传入印度、阿拉伯地区，后来传到欧洲。18世纪，印度人在火箭技术上作了较大改进，射程已达1千米，在印度抗击英法侵略军的战争中使用并获得良好的效果。这一成功推动了英国火箭技术的发展，很快射程就达3千米，此外一系列相关技术也得到发展。

这些早期的工作当然离真正地飞向月球还是相当遥远的，真正现实地飞出地球的探索是在19世纪末20世纪初开始的。

俄国科学家齐奥尔科夫斯基最先从理论上证明了用多级火箭可以克服地球引力而进入太空，并且给出了火箭运动的方程，建立了航天飞行的理论基础；他还提出液体火箭发动机的思想，以解决地球外无空气、无氧化剂的问题。美国科学家戈达德把航天理论与火箭技术相结合，于1926年3月16日研制成功液体火箭并试飞成功。1923年，德国学者奥伯特出版了《飞往星际空间的火箭》一书，论述了火箭飞行的数学原理，提出火箭飞行的许多新问题。他的理论受到学术界的关注，产生了相当广泛的影响，成立了许多相关的学术团体。然而这些工作并没有引起各个国家的重视，直到20世纪30年代，苏联和德国才注意到这些，并由国家拨款支持研究。尤其德国，更注重于开发火箭技术的军事潜力，从1936年起由军方拨款研制火箭技术，并于1942年研制出人类的第一枚弹道导弹——V－2导弹。利用它，人类达到了更高的空间。这里顺便提及第二次世界大战后人类的各种"升限"——所达到的高度：1945年，飞机可达15.23千米高空，同时气球已达到了32千米高空；1946年，美国发射缴获的德国V－2导弹达到112千米高空；1949年，苏联的P－2A探空火箭达到212千米的高空；1949年2月，美国的二级火箭"丰收号"达到393千米的高空。人们向月球迈出了一步又一步

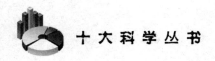

探索的脚步。

二、进入太空

第二次世界大战结束时，美国得到了主持研制 V—2 导弹的德国火箭专家冯·布劳恩，以及 100 多位德国科学家，而一些 V—2 火箭和有关工厂设备则由苏联获得。战后，美苏两国进行了一场激烈的太空争夺战，正是在这场激烈竞争中，人类进入了太空。

人类最先研制的太空飞行器是人造地球卫星。要想发射卫星，主要的就是研制运载火箭，即把卫星送入太空轨道的火箭。苏联是最早重视并支持火箭技术发展的国家，1933 年就自行研制成功第一批液体火箭，并培养了大批火箭科研人才。第二次世界大战后，苏联借助德国的 V—2 技术，迅速研制出自己的大型火箭，1954 年开始研制洲际弹道导弹，1957 年研制出 P—7 导弹，已完全具备发射人造卫星的能力，同年将 P—7 改装并加上四个捆绑助推器，从而构成卫星的运载火箭。1957 年 10 月 4 日，苏联成功地发射了世界上第一颗人造地球卫星，开辟了人类航天史上的新纪元。所发射的这颗卫星称为人造地球卫星 1 号，球形外径 0.58 米，重 83.6 千克，内有一些探测大气密度、压力、磁场等的仪器，其中最主要的是一台无线电发射机，人们可在地球上接收其信号。这颗卫星近地点 215 千米，远地点 947 千米，绕地球一周为 96.2 分钟。

苏联成功发射人造卫星的消息传到美国，美国举国震惊。以美国之强大国力和战时网罗的科技人才，竟然在竞争中失败，不是政府无能是什么？！不是战略决策失误是什么？！于是舆论大哗，政府慌乱。两个月之后，苏联又发射了第二颗卫星，卫星上还搭乘了一只小狗"莱伊卡"。

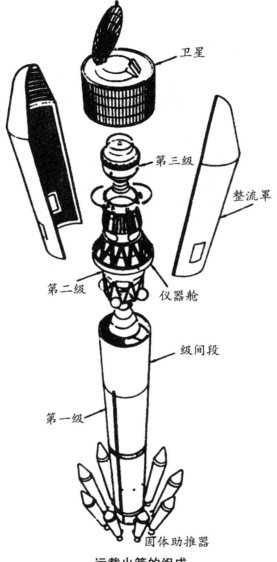

卫星

第三级

整流罩

第二级　　仪器舱

级间段

第一级

固体助推器

运载火箭的组成

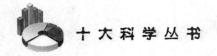

20世纪50年代初苏联航天科技领先于美国，抢先发射了第一颗人造地球卫星，并首次将宇航员送入太空，引起美国科技界一片恐慌

美国人真急了，艾森豪威尔总统急令研制卫星。可能欲速不达吧，1957年12月6日，美国海军发射卫星失败。直到1958年1月3日，由冯·布劳恩设计的丘比特1号火箭成功地将美国第一颗卫星先锋1号送入太空，这颗卫星重8.3千克，仅为苏联卫星的十分之一。尽管美国人在发射人造卫星上晚了一步，但他们奋起直追，显示出雄厚的物质技术力量。同时，美国还深刻分析了苏联之所以能在航天技术上领先的原因，认为基础教育中科学教育的薄弱是美国的一大弱点，因而在1959年通过了《国防教育法》，开始了教育现代化运动。这一运动后来波及全球，促进了现代教育的发展，这也算是航天技术竞争的一个重大成就吧。

美苏的航天竞争愈演愈烈，1958年3月15日，苏联发射第3颗人造卫星。紧接着，美国也发射一颗先锋2号卫星。同年10月和12月，两国又各发射了一颗卫星。1959年1月2日，苏联成功发射第一颗人造行星梦想1号，又创造了一项世界第一。3月3日，美国发射自己的第一颗人造行星先驱者4号。9月12日，苏联发射梦想2号在月球上硬着陆。1960年，苏联的梦想3号成为月球的卫星，发回了月球背面的照片。8月10日，美国成功地第一次回收人造卫星；几天后的15日，苏联也回收卫星成功。

1961年4月21日，人类航天史又翻开了新的一页：9时7分，苏联宇航员r·A·加加林乘坐东方1号载人飞船进入外层空间。飞船近

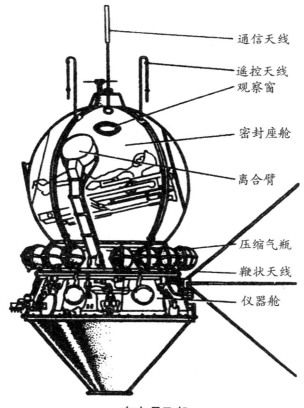

东方号飞船

地点 180 千米，远地点 327 千米，共飞行 108 分钟，绕地球一周多一点。截止到 1963 年 6 月，苏联东方系列飞船共发射 6 艘，均获成功，宇航员全部安全返回地面。

苏联率先实现载人太空飞行再一次引起美国朝野的震动，美国总统肯尼迪十分沮丧地说："看到苏联在太空方面比我们领先一步，没有人比我更泄气了……但无论如何，加加林的飞行终止了人是否能在太空生存的争论。"5 月 5 日，美国也成功地发射了自己的第一艘载人飞船自由 7 号，宇航员艾·谢伯特在太空中逗留了 15 分 23 秒，并安全返回地面。一个月后，肯尼迪总统宣布："美国要在 10 年内，把一个美国人送上月球，并使他重新回到地面。"著名的阿波罗计划由此拉开了帷幕。

三、前期工作

整个阿波罗计划的组成如下：①确定登月方案；②为登月飞行作准备的辅助计划；③研制运载火箭；④研制载人飞船；⑤进行试验飞行；⑥载人登月。从 1961 年 6 月起，阿波罗计划就开始了紧锣密鼓而又井然有序的实施过程。

1. 登月方案

从制定阿波罗计划起，登月方案就是一个极其重要的环节，其他设计都要依此方案而变化。

一般来说，航天器登月（由地球出发）有三种方案。一为直接登月方案：采用一条连接地球和月球的椭圆（或抛物线、双曲线）轨道，只要航天器到达月球轨道时和月球相遇，就能击中月球，从而实现硬着陆。二为环地登月方案：航天器先进入绕地球的轨道（称为停泊轨道）飞行，然后选择最佳时机脱离停泊轨道，再进入与月球相遇的轨道，这也是一种硬着陆。三为环月登月方案：一般要经过三次变轨才能实现在月面上软着陆。这一方案要按飞行顺序分为绕地飞行的停泊轨道，飞向月球的过渡轨道，绕月飞行的月球卫星轨道和在月面降落的下降着陆过程。

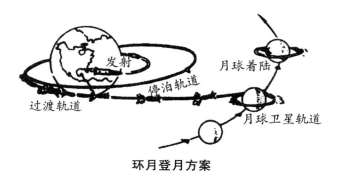

环月登月方案

2. 辅助计划

辅助计划有四项：徘徊者号探测器计划，勘测者号探测器计划，月球轨道环行器计划，双子星座号飞船计划。

其中第一项是月球探测器发射计划。从 1961 年 8 月到 1965 年 3 月，共发射了九个徘徊者号探测器对月球做"近地"观测，其中只有 7、8、9 号三个成功，向地球传回大量图像，为登月选点等工作提供了参考。

第二项是月球软着陆试验计划。从 1966 年 1 月到 1968 年 1 月，共发射七个勘测者号探测器，其中有四个软着陆成功，传回许多有价值的信息。

第三项是月球轨道环行器计划，这是为登月作准备的人造月球卫星系列。从 1966 年 8 月到 1967 年 8 月，共发射 5 颗卫星，每颗重 380～390 千克，均获得成功，为后来的登月实施提供了信息保证。

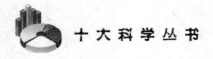
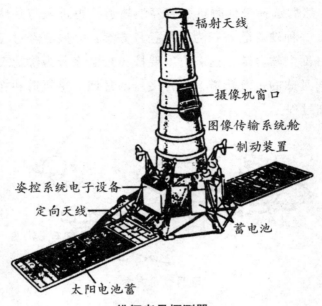

辐射天线

摄像机窗口

图像传输系统舱

制动装置

姿控系统电子设备

定向天线

蓄电池

太阳电池蓄

徘徊者号探测器

第四项是双子星座号飞船（见图6）计划，它是发射载人飞船系列。从1965年3月到1966年11月，共进行10次载人飞行，促进了载人飞船的改进、优化工作，为阿波罗登月计划的成功作了最后的准备。

3. 运载火箭

从1960年开始，由冯·布劳恩主持登月运载火箭的研制工作，采用的是1957年开始设计，1959年正式命名的土星号运载火箭（见图7）。首先研制的是土星1号火箭，这是一种供试验用的两级火箭，1961—1965年共进行10次飞行，均获得成功。而后的土星1B号火箭进行了更进一步的试验。最后是土星5号火箭试验，这种火箭为三级火箭，其总推力达3400吨，全长110.6米，起飞重量2930吨，采用惯性制导系统，从1967年9月到1972年7月，共进行七次载人登月

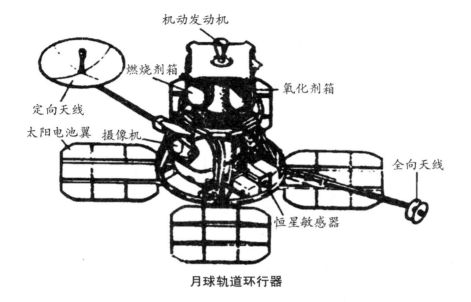

月球轨道环行器

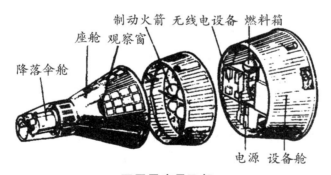

双子星座号飞船

飞行，成功六次。

4.研制飞船

经过多方研究、试验后的载人飞船由指挥舱、服务舱和登月舱三部分组成。指挥舱是宇航员在飞行中生活和工作的座舱，也是整个飞

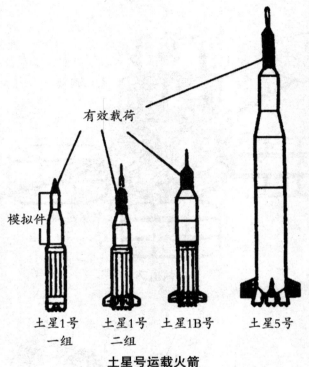

有效载荷

模拟件

土星1号
一组

土星1号
二组

土星1B号

土星5号

土星号运载火箭

船的控制中心。服务舱与指挥舱对接，尾部有推进系统主发动机喷管，主发动机及推进剂也贮存于此。高 6.7 米、直径 4 米、重 25 吨的登月舱由下降级和上升级两部分组成，地面起飞时重 14.7 吨，宽 4.3 米，最大高度 7 米。登月舱两部分一同降于月球，降落时要用发动机制动，完成任务后由上升级返回空中与指挥舱对接，宇航员由此返回指挥舱，进而返回地面。

5.试验飞行

1966～1968 年，美国先后进行了五次不载人的阿波罗试验飞行，在近地轨道考察飞船的状况，尤其是登月舱的动力装置和三舱的结构问题等。接着就是进行载人试验。1967 年 1 月 29 日进行的一次载人模拟飞行实验（阿波罗 4 号飞船）中，飞船指挥舱着火，三名宇航员格里索姆、怀特和查菲不幸牺牲，后查明为电路火花引起。为此，登月计划推迟一年进行。1968 年发射的阿波罗 7 号飞船进行了停泊轨道的绕地飞行试验（载人）。同年，阿波罗 8 号飞船进行了由停泊轨道进入飞向月球的过渡轨道飞行试验，飞船绕月球飞行后顺利返回地球。1969 年 3 月 3 日，阿波罗 9 号飞船在太空中做了登月舱与指挥舱的分离和对接试验。同年 5 月 18 日，阿波罗 10 号飞船对登月做了最后的试验演练，由地球飞往月球，在月球环月轨道上绕月球飞行 31 圈，两名宇航员乘登月舱下降到离月面 15.2 千米的高度，并向地球转播了 29 分钟的月球风光；接着按程序做"返回"试验，全体宇航员于 5 月 26 日平安返回地球。这一最后试验获得成功后，登月实施即将按计划进行了。

四、登上月球

1969 年 7 月 16 日美国东部时间 9 时 23 分，强大的"土星"5 号火箭载着阿波罗 11 号飞船升空，在第三级火箭熄火时将飞船送至停泊轨道。3 小时后，第三级火箭重新点火，把飞船推入地月过渡轨道。在进入过渡轨道后，第三级火箭熄火，箭头打开，飞船的指挥舱和服务舱与火箭分离。指挥舱和服务舱转过 180°，然后又飞到第三级火箭打开处，与仍在火箭中的登月舱对接，最后再与第三级火箭分离，之后整个飞船沿过渡轨道飞向月球。两天半后，即美国东部时间 7 月 20 日，飞船进入月球轨道，此时，飞船倒转过来，尾部（即发动机喷口）朝着前进方向，并开始点火制动。按预定程序，宇航员阿姆斯特朗和奥尔林德进入登月舱作准备，柯林斯则留在指挥舱中。接着，登月舱与指挥舱、服务舱分离，登月舱按预定轨道向月球降落，同时指挥舱和服务舱构成的母船则做绕月轨道飞行（离月球高约100千米），以接应登月宇航员返回地球。

由于月球上没有空气，因此登月舱不受阻力直落下去，通过自身的发动机点火制动。21日，登月舱"鹰"号顺利降落在预定地点："静海"的西南部。在亘古宁静的月球上，阿姆斯特朗打开舱门，沿阶梯一步一步走下去——月球上留下了人类的第一个脚印。阿姆斯特朗后来不无激动地说："这一步，对一个人来讲只是一小步，而对整个人类，却是一次飞跃！"19分钟后，奥尔林德也踏上了月球，两人在月球上走动起来。由于月球引力甚小，他们走路的样子看上去一跳一跳的。月球上一片荒凉，一派寂静，人类的家园——地球，此时像一个明亮的微泛蓝光的圆盘在天边悬挂着。

两位宇航员在月球上竖起一块特制的金属碑，上面刻着："公元1969年7月，来自行星地球上的人类首次登上月球，我们为和平而来。"金属碑下放置了人类在向太空进军中不幸牺牲的五位宇航员的金质像章，他们是苏联的加加林和科马罗夫，美国的格里索姆、怀特和查菲。宇航员们还在月面上展开太阳电池阵，安置了月震仪和激光反射器，采集了22千克的月球岩石和土壤样品。

在月球上逗留了两个半小时后，两位宇航员回到登月舱中，开动了上升发动机。此时，他们抛掉了登月舱的下降级，只靠上升级的动力返航。6个小时后，他们回到100千米轨道上，登月舱与指挥舱对接成功，阿姆斯特朗和奥尔林德回到指挥舱。接着，宇航员抛掉登月舱的上升级，利用服务舱的动力返回地球。经过漫长的月—地过渡轨道运行，飞船接近了大气层，于是指挥舱与服务舱分离，指挥舱转动使圆盘面朝着飞行方向，再入大气层。然后由大气摩擦减速下降，降至低空时，由顶端弹出降落伞再次减速。7月24日，指挥舱溅落在太平洋上，标志着登月计划顺利完成。

1969年11月至1972年12月，美国相继发射了阿波罗12、13、14、15、16、17号飞船。除阿波罗13号在向月球飞行的途中因服务舱液氧箱爆炸而中止登月外（两名宇航员均安全返航），其余均获成功。并且各做了新的试验：如阿波罗12号在登月宇航员返回环月轨道后，把登月舱的上升级发射到月球上，制造了"陨石"撞击效果，引起月震55分钟；阿波罗15、16号飞船在环月轨道上各发射一颗月球孙卫星；阿波罗15、16、17号的宇航员还乘月球车在月球上行驶、工作。

阿波罗15号飞船的月球车

阿波罗计划至1972年12月阿波罗17号登月后宣告顺利结束。该计划前后进行11年，有12名宇航员在月面共停留302小时20分钟，在六个不同地点进行科学活动，在月球上行程90.6千米，带回月球岩石和土壤样品381千克。

阿波罗计划是一个现代的大型科学计划，共耗资255亿美元，实施高峰期有2万家企业、200多所大学和80多个科研机构参加，总人

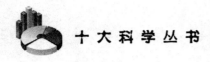

数超过 30 万人。这是科学研究社会化的典型事例，离开社会的组织、政府的投入是不可能成功的。阿波罗计划的实现也表明了系统管理在社会生产、生活中的重要意义。30 多万人参与的大型工程，离开系统管理是不可想像的，而该计划正是由于充分利用了系统管理，充分利用了现有科学技术，并把它们结合起来，完成了一个高度尖端的科学实验。这对后来的科学技术发展产生了极大的影响。

阿波罗计划实现了人类登上月球的梦想，它首次将人类文明带进了地外空间。这一计划在人类文明史上具有划时代的意义，显示了人类文明的伟大成就——使人类真正进入了航天时代。由于航天技术与许多科学技术有关，因而该计划也极大地促进了那些科学技术的发展。

阿波罗计划还展现了人类的力量，开了向外太空前进，开发宇宙的先河。该计划停止后，虽然人类还没有再踏上其他天体的壮举，但对外太空的探索却一天也没有停止。20 世纪 90 年代后期，人类又吹响了向太空进军的号角，1998 年向火星发射了探测器。人类向行星进发的日子已经不远了。

"星球大战"计划

"星球大战"是美国里根政府 1983 年提出的旨在"重振美国军事实力"的军事计划——"战略防御倡议"（SDI：Strategic Defense Initiative）的俗称。为什么会有此俗称呢？原来 1977 年由乔治·卢卡斯编导的好莱坞巨片《星球大战》（Stars War）曾轰动全球，久映不衰，其内容为未来宇宙间的两军对阵。"SDI"计划是美国针对另一超级大国的军事计划，而且是以航天技术为基础的，因此，"星球大战"这一俗称不胫而走。

一、计划出台

1983 年 3 月 23 日，美国总统里根在"美国国家安全"的全国电视讲话中突然宣布："我们将开始执行一项用防御性措施对付令人生畏的苏联导弹的威胁的计划……我们能够在战略弹道导弹到达我们自己的国土或我们盟国的国土之前就将其拦截并摧毁……"他指出，美国要"全面、集中地努力，确定一项长期的研究和发展计划，以便实现我们的最终目标：消除战略核导弹构成的威胁"。里根进一步号召美国的科学家和工程师们，投身于研制用于国土防御的反弹道导弹的武器系统，从而

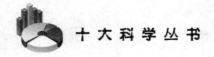

1983 年美国总统里根发表全国电视讲话，扬言要打"星球大战"

使核武器"无用和过时"。这就是美国政府的"战略防御倡议"，其核心是"在空间拦截和摧毁苏联战略弹道武器和航天武器，从而使美国拥有充分的防御能力。"里根一再重申，这个计划"不是为了打仗，而是为了和平；不是为了报复，而是为了使人产生希望"。

1983 年 3 月 26 日，里根总统在发表"星球大战"讲话后的第 3 天就签署命令，任命当时的国家安全顾问克拉克负责"星球大战"计划的研究工作，并要求他尽快开始这方面的工作。

1983 年 4 月 18 日，里根总统签署了第六号国家安全指令，要求美国国防部对"战略防御倡议"在美国及其盟国安全中的作用做出评价，并确定一项旨在最后消除核威胁的长期研究和发展计划，且必须在当年 10 月底以前完成。按此指令，美国国防部成立了两个高级研究小组开始进行工作。

"星球大战"讲话及研究工作引起了全世界的震惊，一时间成为世界的头等大事，不同的人表示了大不相同的意见。

首先美国国内就众说纷纭。

赞成者为它大唱颂歌。如前两届政府的国家安全顾问基辛格和布热津斯基都对"星球大战"计划十分赞赏，认为这一计划如能实现，将带来巨大的国家利益：在政治上，将迫使苏联放弃"第一次打击"战略构想，能防止核大战，从而保证了美国及其盟国的安全；在技术上，由于现在条件已成熟，因此，可以实现计划的预想，并能促进技术的进一步发展；在经济上，可以刺激经济的发展，尤其是由此发展的新技术，将会为经济发展服务；在战略上，一是可以增强非核威慑力量，非常可取，二是必然迫使苏联也进行研究，从而投入更多的资金用于军备。此外，由于苏联还要对付美国的太空防御体系，因而要比美国花的钱更多，这有利于拖垮在经济实力上远不及美国的苏联。当时任美国国防部长的温伯格更是积极鼓吹"星球大战"计划是一次"革命性的转变"，是最保险、最可取的计划。当时任总统科学顾问的基沃斯则认为，这一计划标志着美国有史以来战略防御思想最根本的变化，是可取的。

反对者则坚决否定"星球大战"计划。他们认为在政治上，这是疯狂的冒险，实施计划的结果只能加剧核武器竞赛，不利于世界和平；在技术上，需要解决的太空武器技术难题太多，而且要拦截并摧毁成千上万枚导弹是无法办到的；在战略上，更是一着败笔，不利于美国安全，加之由电脑控制，一旦发生失误，后果难以设想；在经济上，美国也难以承受，仅计划的可行性论证就要投入 260 亿美元，整个计划的完成——建成一个防御系统要花上万亿美元，建成后每年的维护费用也达千亿美元！

国际上的反响也极为强烈。尽管有美国的盟国或多或少的助阵，然而反对者甚众。苏联就明确指出，"星球大战"计划是一个战争计划，而不是和平计划。这是因为当时的核战略计划，无论是"第一次打击"，还是"全面报复"等战略，都是在核武器是"无法防御"这一前提下建立的，其关键就是核武器的"平衡"，在"相互确保摧毁"的情况下维持和平。一旦一方有了防御武器，那就可以在保证自己不受打击的情况下进攻别人——这将导致战争！

美国政府不顾舆论，继续加快"星球大战"计划的制定和研究。1983 年 10 月底，美国国防部研究小组推出研究结果，认为美国已具备"威力强大的新技术"能力，能够完成"星球大战"计划，而实施这一计划将为确保美国安全作出贡献，因此，这一计划有可行性。同时，研究小组还提出一个初步技术发展计划：在 1984～1989 几个财政年度拨款 251 亿美元，从探测、定向能武器、动能武器、系统分析和作战指挥、后勤保障等五个方面研究反弹道导弹系统的关键性技术和验证可能的方案，以便到 20 世纪 90 年代初决定如何发展该系统。按美国国防部的方案，1984 财政年度就已为"星球大战"挤出 10 亿美元的经费。

1984 年 1 月 6 日，里根总统签署了第 116 号秘密指令，要求美国国防部立即开始执行研究激光和粒子束反弹道导弹武器计划，并立即组建"战略防御计划局"（SDIO）。3 月 27 日，国防部长温伯格任命了局长和有关成员，开始按"集中指挥"与"分散执行"相结合的研究发展原则。1984 年 6 月，美国国会批准了里根政府提出的 1985 财政年度的军事预算，其中包括反弹道导弹研究计划的经费。"星球大战"计划正式启动了。

二、事出有因

美国政府提出"星球大战"计划绝非里根总统所说的那样，是他"自己想出来的"，也不是一时冲动的偶然之举，而是美苏两个超级大国争霸行为、军备竞赛的产物，也是高技术发展的需要。

从 20 世纪 60 年代起，美苏两个超级大国的军备竞赛、争霸行为就已达到白热化的程度，美苏两国的核武器库足以把地球毁灭几次。运载导弹的发展也达到空前的规模，例如，美苏都先后研制成功重返大气层的多弹头分导技术，使双方达成的控制导弹枚数的协议成了一纸空文。在双方都基于无法防御导弹而采用"相互确保摧毁"战略的情况下，最佳的争霸或保持领先的措施就是研制反弹道导弹技术，使自己能防御敌方导弹，那无疑将占据上风。此外，在新技术一日千里的时代，对于预警、通讯、指挥、控制来说，通讯卫星比什么都重要，如果能开发出消灭敌方卫星的武器，则将是另一个制胜的法宝。

20 世纪 70 年代以来，美苏都在反弹道导弹武器和反卫星武器这两方面花费了巨大的人力、物力、财力。70 年代初，美国已提出了摧毁飞行中的核导弹的设想，并开始研制一种小型弹道导弹防御系统；苏联在这方面也迈开了步子，20 世纪 60 年代就进行了一些卓有成效的研制。由于双方都认识到下一轮军备竞赛的核心就是反弹道导弹系统的确立，因此，在 1972 年又达成协议，签署了反弹道导弹条约，大家都不研制。但背地里双方都在"悄悄地"研制。

　　反卫星武器的研究方面，苏联领先一步，到 1982 年 6 月，苏联仅"以星打星"的反卫星武器试验就进行了 20 次，并多次取得成功。在以激光打卫星方面，苏联更领先于世。1975 年 11 月，苏联曾用陆基激光武器使美国的两颗侦察卫星失效；1981 年 3 月，苏联的一个卫星载激光武器击毁了一颗美国卫星。因此，苏联反弹道导弹和反卫星等"防御"武器的发展引起美国的强烈反应是不奇怪的。

　　与此同时，新技术革命迅猛发展，国家之间的竞争表现为高技术的竞争。为了保持在高技术领域的领先地位，美国政府必须不断提出高技术课题，并加大政府投入，促进高技术的发展。应该说，当时的前沿高技术如信息技术、航天技术、核能技术、激光技术等有许多就是当时的军事技术，其他的高科技也与军事技术有密切的关系。国防在国家中具有优先安排的性质，要保持对高技术的高投入，就要提出高技术的国防项目。因此，美国政府需要推出一个涉及各个高技术的优先发展计划，这一计划的实施将有效地带动国防建设、科学技术和国民经济的全面发展，并凭借高技术优势来保持其军事上的领先地位。

　　这种经济上和军事上的双重目标，使美国20世纪70年代以来一直在探求一项新的研究计划。1981 年，以美国前国防情报局局长丹·格雷哈姆为首的 90 名战略、科学、航天技术方面的专家提出一个名为"高边疆"（High Frontier）的研究报告，认为只要充分利用和发展现有技术，美国就能在 20 世纪 80 年代末或 90 年代初建造成功包括地面和太空两个层次的反导弹系统。1982 年 8 月，美国研制氢弹的主持者爱德华·泰勒向里根建议制定一项 X 射线激光武器的紧急计划。

　　20 世纪 70 年代以来，美国的高技术领域，如红外探测、数据处理、计算机、激光、航天等方面都取得了重大进展，这为反弹道导弹技术提供了现实的技术基础。80 年代初，美国空军中已有人提出"太空优势"的战略思想，为"星球大战"计划提供了思想基础。

三、重要内容

"星球大战"计划的关键，在于拦截并摧毁弹道导弹尤其是带核弹头的洲际导弹，其具体目标是建成一个天（太空）基和陆基相结合，以定向能和动能武器为主，多种拦截手段并用，并具有重点防护效能的弹道导弹防御系统。这一系统主要由两部分组成，一是洲际弹道导弹防御系统，二是反卫星系统。

1. 洲际弹道导弹防御系统

根据弹道导弹发射、飞行、击中目标的过程特点，"SDI"计划提出了"纵深防御、多层拦截"的基本原则。如图 12 所示，分为四层拦截。第一层，称为"助推段拦截层"，即对弹道导弹发射后初始助推阶段的拦截。采用的主要手段是当敌方导弹发射后 3～5 分钟的爬升阶段时，导弹发射出大量红外线，这时，通过早期预警卫星上红外线传感器探测出来袭导弹的轨迹，立即向反导弹卫星发出指令。反导弹卫星直径仅有 1 米，在地球同步轨道上运行，按一定间距共布置 432 颗，星上载有 X 射线激光武器，卫星接到指令后立即对导弹进行识别，确定是敌弹后，即以激光击毁之。这一层防御手段具有很大的优点：一是敌导弹尚未释放出多弹头，此时击毁一枚，就相当于在后继阶段击毁多枚；二是此时导弹的助推器正处于燃烧喷发阶段，高温火焰易被红外线装置识别。按计划，每颗反导弹卫星可摧毁 100 枚以上的导弹，击毁率达 99％。

第二层，称为"末助推段拦截层"。当避开第一层防御的敌导弹末一级火箭关机，开始释放出多弹头沿弹道飞向目标时（此时已出大气层），这一时间仅有 500 秒，可用陆基或舰载激光武器及动能武器摧毁

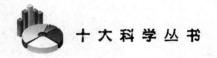

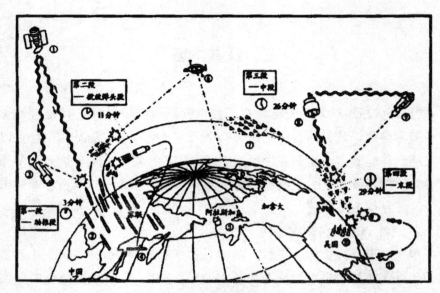

多层次、多手段反弹道导弹系统作战示意图

它们，按计划要求应有 90％ 的摧毁率。

第三层，称"中段拦截层"，对前两层漏网的敌导弹弹头在重返大气层之前的 10 多分钟飞行时加以拦截。一般计划用电磁炮或陆基激光武器等拦截，要求摧毁率达 90％。

第四层，称"末段拦截层"，对重返大气层后的敌弹头加以拦截。此时距敌弹击中目标只有几分钟，可用反导弹导弹、动能武器、粒子束武器等拦截，其命中率可达 90％。

经过这四层的拦截，几乎可以把来袭导弹全部摧毁，从而保卫美国及其盟国。

2. 反卫星系统

这主要是利用以太空为基地的监视系统，对敌卫星进行监视、警报，并对天基和陆基定向能或动能武器系统发出指令，以击毁敌卫星，武器有飞机载"空天导弹"等。

"SDI"计划的核心是运用高科技手段建立多层次、多手段的反弹道导弹系统

为了达到上述拦截并摧毁目的，要求建立各方面的高技术系统，主要包括预警、探测系统，指挥通信系统，武器系统，支撑保障系统等等。下面分别作简单介绍：

（1）预警探测系统是非常重要的。反弹道导弹的反应时间短、目标运动快、运动变化多，尽早迅速发现目标，可以说是反弹道导弹、反卫星系统的关键技术。按导弹发射后的不同飞行阶段，"SDI"计划设想了早期、中期和末端三种不同类型的预警探测系统。它们是：

①高轨道早期预警探测系统。主要是部署在3.58万千米高空的地球同步轨道上的天基探测系统，采用红外线探测器，要求在3分钟内对

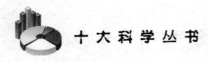

导弹加以识别，其载体是卫星；

②低轨道中期预警探测系统。主要是部署在 800 千米～2.4 万千米中高轨道上的探测器，共有 15 分钟的探测时间，其载体一般也是卫星；

③低空末端探测识别系统。一般用更低轨道上的卫星、航天飞机甚至飞机的机载探测器，也包括陆基雷达等设备，探测时间为三分钟。

（2）指挥通信系统不仅是反弹道导弹、反卫星系统，更是"SDI"计划的核心系统。由于"SDI"计划的防御体系在未来的作战中将面临非常复杂的环境和任务，其同时跟踪的目标将达到 3000 个，需要同时启动数百种探测装置，每秒要处理的指令超过 5 亿条，这将给作战指挥带来繁重的工作。要使各种各样的探测器和武器的指挥控制工作充分完善，就必须使"SDI"的作战指挥控制、通信和信息传递系统（C^3I 系统：Command Control，Communication and Intelligence）达到可靠性高、反应速度快、生存能力强，并能连续持久地工作。这一系统是"星球大战"的作战指挥中枢，它们将分别部署在地基和天基，以确保可靠性。

"SDI"计划中的 C^3I 系统应能覆盖整个国家防卫范围的陆、海、空、天四个方面，将国家指挥中心和陆海空军指挥中心，通过通信系统，构成一个作战指挥控制、通信和信息传递系统的整体，即"高度快速反应和十分可靠的战略 C^3I 系统"，以确保"SDI"计划的实施。

构建 C^3I 系统的关键技术是计算机技术，包括开发高速的超级计算机，设计制造防电磁脉冲的超大规模集成电路，新型软件开发技术等。

（3）拦截武器系统则是"SDI"计划的重中之重——最终要靠它们解决问题，这也是"SDI"计划中研究最多、发展最迅速的部分。实际上，当代所有的高技术如激光、红外、微电子、超导、人工智能、新材料、航天技术等完全向武器研制开放，而许多新技术也是在武器研制中发展起来的。

"SDI"要发展的武器主要有两类，定向能武器和动能武器。

①定向能武器要发展高能激光武器、粒子束武器、等离子束武器和强微波射频武器四种。所谓定向能武器，就是把强大的能量"束"成一定的方向发射，用这种高能量来杀伤并摧毁目标的武器。其特点是速度快（能达到或接近光速，30万千米/秒）、能量密度高，能在瞬间击毁数百千米乃至数千千米外的目标。

②动能武器是"SDI"重点发展的新式武器，它是以寻找目标和直接碰撞来摧毁目标的武器，包括非核拦截弹、超高速电磁炮等几种武器。这种动能武器的作用可以从"西瓜炸弹"和"飞鸟炸弹"的事故中得到验证。"西瓜炸弹"是有人向高速行驶的汽车"送"去一个西瓜，当然是掷过去的，结果造成汽车的重大损坏，幸好没伤到人；"飞鸟炸弹"最典型的例子是1989年9月29日，美国一架B—1型轰炸机突然失事，六名机组人员半数身亡，飞机被毁。后来查明，飞机是被一只重6.8千克的白鹮鸪击中。按 $E = \frac{1}{2}mv^2$ 的动能公式，高速运动的物体有巨大的动能，当它撞到目标上时，巨大的能量就使目标损毁了。

（4）支撑保障系统是确保外层空间作战顺利进行的后勤支持和保障工作。由于"SDI"计划要在空间这一纬度进行，这给其支撑保障工作带来新的特点，也带来巨大的困难。该系统主要强调了这样几个方面：

①整个弹道导弹防御系统生存力的保障。在实战情况下，反弹道导弹、反卫星系统也将面对敌方的攻击，因此，系统的整体生存能力十分重要。不可能保证每个子系统（武器或探测器）都能避开攻击或在受攻击下完好无损，因而要研究在若干子系统损坏后系统仍能保持基本功能的措施，这涉及两方面：一是合理设计子系统的数量。过少，则部分损失后产生整体损失，可能影响系统功能；过多，又造成浪费。二是提高子系统的防护能力和自卫能力。

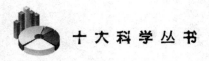

③天基装备的保障。包括能源保障、系统软件保障两方面，如重量轻、功率大的能源系统的开发应用，以及强纠错、反病毒的软件的开发利用等。

③航天运载的保障。这是天基作战的基本条件之一，大型运载火箭，尤其航天飞机的开发研制就是这方面的努力。

④指挥控制方面的保障。"SDI"计划主要是把美国空军已有的空军卫星控制系统和统一空间作战指挥中心的控制系统加以改进后，构成一个融为一体的空间支持系统。它包括两套设施，一是空军卫星控制设施（AFSCF），这是一个全球范围的控制网络，由控制中心总部、七个跟踪站、一个通讯卫星校准站和卫星回收队组成；二是空间作战指挥中心（CSOC）。

与此同时，"SDI"计划还对战略手段和战术做了大量研究，试图把一些新式武器以及新式预警指挥等系统用到常规战争中去，而其中超级计算机的应用更是重要的研究课题。

四、誉毁参半

"星球大战"计划自1984年美国国会批准了下一年度的军事预算起开始实施。应该说，该计划取得了许多成果，但也遇到了巨大的困难。1991年苏联解体，俄罗斯无法与美国争霸，"星球大战"失去了主要对手，计划自身也趋于降调。此外，一些"内幕"的广为流传，使人们对这一计划的看法有变。但这一计划的提出与实施毕竟对世界产生了巨大影响，它的一些成果如今还在发挥作用，它的一些项目现在也还在继续进行研究探索。

"星球大战"计划实施的成果正如所预期的那样，表现在两方面。

1. 军事技术方面

（1）对武器装备的发展产生了深远的影响。如动能武器，1984 年 6 月 10 日进行的"HOE"非核拦截试验，利用动能武器在 185 千米的高空成功地摧毁了洲际弹道导弹弹头；1985 年 9 月 13 日以机载小型反卫星拦截器摧毁 512 千米高的一颗卫星；1986 年 9 月 5 日以天基雷达寻的拦截器直接碰撞并击毁了另一颗卫星；1987 年 5 月 21 日用陆基雷达寻的在 11.6 千米的高度摧毁了一个战术弹道导弹。

（2）在预警和军队指挥控制上也达到了新的高度。这一点，在海湾战争中得到全面检验。海湾战争中，美军使用了 16 颗"全球定位系统"卫星，每天每时至少有三颗卫星飞越海湾上空，向地面发射有关数据。全球定位系统的全面使用，大大提高了 C^3I 自动指挥系统和各类武器系

"星球大战"计划促进了美国军事技术能力成倍提高，使美军在海湾战争中占据了绝对的技术优势

统的作战效能——专用预警飞机和电子干扰飞机迅速获得伊拉克军队信息，导致伊军指挥失灵，预警侦察系统甚至能监听到伊军士兵的电话；灵巧炸弹，即精确制导武器的大量应用，有效地打击了伊军的指挥控制机构；"爱国者"反导弹导弹更成为海湾战争中的"明星"，人们认为它有效地控制了伊军的"飞毛腿"导弹，而这种新型的反导弹导弹，正是"星球大战"计划的一个成果。

尤其值得一提的是，整个"沙漠风暴"行动的指挥控制达到了相当理想的状态。多国部队以数百人的伤亡取得歼敌 20 余万的重大成果，以损失 45 架飞机、35 辆坦克的代价消灭了伊拉克近千架飞机、数千辆坦克！

2. 对高技术和经济发展带来积极的影响

美国学者对此早有认识："在尖端技术上，如果技术革新和工业投资没有急剧增长，那么美国的国民经济将继续衰退下去。对付这种经济萧条最有效的方法是建立经济上新的'科学推动力'，即像过去美国宇航局的'阿波罗'登月计划那样，研制定向能武器来防御弹道导弹，以此作为今后 20 年国民经济发展的科学推动力，提供了一个理想的轮廓。"

前述那些新技术都可以用于民间，用于国民经济的某些领域中，如空间技术可用于气象预报、资源开发、通信传输，还可带动一系列新技术的大规模发展，并有很高的经济回报。据推算，在航天技术上每花费一美元，就能收回 14 美元的经济效益。仅仅定向能武器技术的开发就可产生 20 种新的工作岗位，每年吸引资金 1900 亿美元，并大量增加工程技术人员，可使美国在 10 年内经济增长率维持 4%～6%。

"SDI"计划还带动了一系列高技术的发展，这为后来的事实所证明。现在的若干高技术领域，如信息技术、航天技术、机器制造技术、新材料技术、究其来源和发展的动因，多与"SDI"有关。

当然，"SDI"计划也面临许多困难。就技术上来看，至少有以下几种技术因原先设想不足而遇到了巨大的困难：一是定向能武器制造技术。"SDI"计划制定之时，人们对此非常乐观，认为10年左右即可投入应用，但后来的研究表明，许多关键性技术并未过关，在20世纪不可能投入应用；二是"SDI"的系统试验，即"SDI"的系统分析问题。由于系统的高度复杂性，引出了原先未曾设想过的困难，在20世纪也无法实现；三是软件问题无法解决。"SDI"计划实施的一个主要因素，可以说是20世纪80年代"软件危机"说法的重新提出。由于整个系统信息处理量极大，要在短时间内处理大量信息，软件是十分复杂而庞大的，在现在手工操作的时代里，错误难以避免，这是制约"SDI"计划实施所遇到的"瓶颈"问题；四是天基部件的运载问题。这也是一个至今没有得到很好解决的问题。

这些困难使反对者更加坚定，再加上"SDI"计划还面临巨大的经济困难，使得布什政府上台后对"SDI"计划进行了调整，削减了一些费用，并相应调低了目标。苏联解体后，布什政府进一步使"SDI"计划低调。这时有人公开认为，美国的"星球大战"计划不过是里根政府的一个骗局。1993年8月，《纽约时报》称1984年6月10日美军的导弹试验只不过是一场"科学欺骗"；1992年9月，美国审计总局发表的报告指出，1990年1月到1992年3月间进行的"星球大战"计划七次重要试验中，有四次成果被夸大。甚至前述主要成果之一，美国陆军的"爱国者"反导弹导弹在海湾战争期间的成绩也是有意夸大了的：1991年1月30日，美国"沙漠风暴"部队总司令施瓦茨科普夫上将在新闻发布会上宣布，到当时为止，"爱国者"反导弹导弹在与33枚"飞毛腿"导弹的交战中，摧毁了33枚"飞毛腿"导弹，成功率达100%；1991年2月15日，美国总统布什在生产"爱国者"的工厂称，"爱国者"的成绩为41∶42，即有一枚"飞毛腿"漏网了；月13日布什又说，"爱国者"拦截 47 枚"飞毛腿"，成功了 45 枚；然而有趣的是海湾战争后，美国陆军多次修正结果，"爱国者"成功的比例由 90％降至 80％、60％、52％，甚至不到 25％、10％，最后只有 9％！

欺骗的对象是谁呢？人们指出，一是苏联，迫使苏联把更多的经费投入军备，最终从经济上拖垮它；二是国会，借以骗取国会的大批拨款作为军费。

五、余文

"星球大战"计划作为美国最大的一项军事冒险计划，在与苏联争夺世界霸权的意义上已经落下帷幕了，但在实际上，它达到了通过军备竞赛拖垮苏联的目的。"星球大战"计划的一些基本的战略思想，尤其是发展起来的各种技术，后来都得到不断的改进并成为现代高技术的重要组成部分，有一些还成为现代科技发展计划的出发点。如今，"星球大战"计划并没有被完全放弃，只不过低调运行（每年经费约 10 亿美元）。

以满足远距离通讯需要为目标的各种卫星计划正在纷纷出现。从资金情况来看，一个由阿尔卡泰尔公司参与、耗资 22 亿美元的"全球之星"计划已取得极大的进展，它计划用 48 颗卫星覆盖全球的电话网。更大规模的计划是由微软总裁比尔·盖茨和美国蜂窝式（移动）电话的先驱者之一克雷格·麦考倡导的"TELEDESIC"计划，它要把 840 颗卫星送入低轨道以组成一个卫星网，不仅能传输电话，而且还能传输多媒体信息，使美国以及全球的互联网络扩大一倍。最近，波音公司也加盟了这一计划，其启动资金已达 90 亿美元。该计划明确指出，它的关键性技术已在"SDI"的先期研究中得到解决。美国电话电报公司也利

"星球大战"计划也促进了民用科技应用领域的一片辉煌

用"星球大战"的某些成果来改进城市无线电话系统。此外，"星球大战"计划中大量的卫星研制技术甚至达到了可以成批地"生产"卫星的程度，这使卫星的成本下降，从而使"TELEDESIC"计划的可行性更高。

这样的一个"稠密"的卫星网，有无可能在必要时改为军用？现在，卫星的探测能力、通信能力都有了极大的提高，要达到"SDI"原定的预警探测目标似乎更容易了。

电子计算机的发展亦超出了人们的预料。现在，每秒进行30000亿次运算的计算机已投入运行，它有了更强大的信息处理能力，在很大程

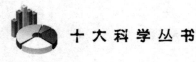

度上可以化解系统的极度复杂性带来的困难。此外，微型计算机已发展到"奔腾4"型，主频达到2000兆赫，计算机化、网络化成为许多领域的发展趋势，这使得信息处理及通信有了更快的处理能力。美国的"信息高速公路"计划对于指挥控制的要求又前进了一大步。

人工智能也有了极大的发展。一个重要的标志是1997年5月11日，电子计算机棋手"深蓝"击败了棋王卡斯帕洛夫，这意味着人工智能的发展达到了一个新的层次。智能机器人已可以投入实践应用，这使得战争武器有了"智能性"。如能部分解决"自动程序设计"问题，将对克服软件困难极为有益。

"星球大战"计划是一个影响极其深远的计划，它提出的问题和方向至今仍然受到重视。其中一些问题，即前述技术困难对新技术的发展仍有一定的导向作用——解决这些困难仍将是当代技术的重要目标。相信它们的解决必将更大地促进科学技术和社会经济的发展。

"红星大战"计划

美国总统里根发表"星球大战"（SDI）计划的电视讲话后，苏联反响强烈，立即采取了一系列行动反对美国的"SDI"计划。苏联领导人安德罗波夫、契尔年科、戈尔巴乔夫等人，纷纷利用各种机会指责美国"SDI"计划的目的是让苏联在美国的核威胁面前解除武装，并多次扬言：如果美国不停止执行"SDI"计划，苏联将采取报复性措施；美国谋求对苏联军事优势的任何企图都是徒劳的，苏联对任何威胁从来不会是无防备的，真可谓软硬兼施，双管齐下。1985年4月27日，上任不久的苏共总书记戈尔巴乔夫说，苏联不允许军事战略均衡被打破，如果有人继续准备执行"SDI"计划，苏联将采取对应措施，包括加强和完善进攻性核武器。

苏联表面上谴责美国"SDI"计划，暗地里早已有了针对性的天基武器计划——西方戏称为"红星大战"计划（战略防御计划）。而且这一计划比美国的"SDI"计划实施得还要早、还要大，只不过它不宣传，而是秘密地进行了多年，并已取得多项成果。直到1987年12月，苏联领导人戈尔巴乔夫在接受美国国家广播公司的一次电视采访中，才首次公开承认苏联有与美国类似的战略防御研究发展计划。他说："凡是美国在搞的，我们也在搞。苏联正在做着所有美国正在做着的事情。我想，我们从事着与美国'SDI'计划研究内容相类似的基础研究工

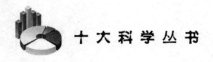

作。"戈尔巴乔夫一语道破了天机，把多年深藏不露的秘密，正式公诸于世。

一、从秘而不宣到初见端倪

当美国总统里根发表震撼世界的"SDI"计划讲话，并津津乐道、自鸣得意地大肆渲染"SDI"计划的"划时代"意义时，殊不知当时苏联的"战略防御"计划早已在一些关键领域里遥遥领先了。尽管苏联对该计划秘而不宣，他们的军事保密工作也一直做得不错，但只要注意搜集资料并加以认真分析，苏联的军事战略和战略防御部署意图还是可见端倪的。

早在 1962 年，苏联主要军事领导人索科洛夫斯基元帅的专著《军事战略》一书中，首次公开论述了苏联的战略防御方针，明确提出了外层空间将成为现代战争中一个单独战区的观点。他说："对苏联军事战略来说，一个主要问题就是关于建立核打击的可靠的后方防御。"他还说，苏联的战略防御目标是"建立一种保卫整个国家的战无不胜的防御系统……虽然，在过去的战争中，这种系统足以摧毁 15%～20% 的空中攻击行动就够了，但现在则需要保证基本上能 100% 地摧毁所有进攻的飞机和导弹"。索科洛夫斯基这一番论述，既说明了苏联在战略防御方面已进行的工作和已取得的进展，又明确指出了今后的任务。

1974 年，苏联学者波利夫在《激光及其前景》一书中描绘了一幅激光反导的作战系统图，这幅图和 10 年后美国"SDI"计划中的陆基激光系统部署极为相似，这充分说明苏联早就进行了非核战略防御系统的研究。

1985 年 12 月 16 日，苏联的退役上校莫罗佐夫在为苏联新闻社撰写的文章中，第一次公开地列举了苏联可能对美国"SDI"计划采取的种种对策，其中包括：在轨道上部署"太空雷"和其他物体，足以破坏和干扰美国的武器系统；发射假导弹以迷惑美国的反导弹卫星；在发射的进攻性导弹的外面涂上一层可以把美国发射的激光射线反射回去的表膜等。他还说："还有一个有效的办法可以对付美国的空间反导系统，这就是苏联增加部署进攻性武器，并提高其准确性和当量。"而美国"SDI"系统却"不能对付轰炸机和巡航导弹，如果美国的全部领土都易遭到巡航导弹打击，很难想像'SDI'计划的倡导者们怎样保障美国的国家安全"。最后，莫罗佐夫的结论是："这样，将变成废铜烂铁的不会是苏联的导弹，而是美国所谓无懈可击的反导弹防御系统。"

莫罗佐夫的这篇文章，公开而明白无误地向世人宣告：在美国"SDI"计划才刚刚起步的时候，苏联就已经有了对付它的防御系统；美国要坚持实施"SDI"计划，必然迫使苏联增加生产战略进攻性武器，这将引发更大规模的军备竞赛；美国应慎重考虑不要冒风险，苏联是不怕美国"SDI"系统的。

事实上，从美国后来陆续发表的官方文件看，也证明了苏联的"战略防御"计划早在 20 世纪 60 年代就已秘密分散地进行着，而美国也并非全然不知。例如，1983 年、1984 年及 1985 年美国出版的《苏联军事力量》专著中，就已经从不同侧面分析了苏联的战略防御和太空计划的进展情况。1987 年美国国防部和国务院发表的一份题为《苏联"战略防御"计划》研究报告中，比较全面而系统地分析了苏联战略防御系统的总体方案和实施情况，并承认，"苏联人重视通过防御以减少自己的损失，其证据可以追溯到核时代开始出现的时候。20 世纪 50 年代末，苏联国土防空部队已成为独立军种"。又说，"到 60 年代中期，苏联国土防空部队又增添了两个新任务，就是地区反卫星防御和反导弹防御系统。因此，苏联拥有了世界上唯一的反卫星作战系统"。这表明美国当时就已知道，苏联的反卫星系统已具有寻找并摧毁美国在地球低轨道运行的重要卫星的有效能力。事实确实如此。苏联是最早研制反卫星武器的国家，早在 1964 年就成立了国土防空军空间防御部，开始研制反卫星武器，后来终于研制出当今世界上唯一无需再试验即可部署的具有实战能力的反卫星系统。美国还知道，苏联"还拥有了世界上唯一的反弹道导弹作战系统和一个庞大的、日益扩大的研制计划"，并默认"苏联建立了一个广泛的、多向的战略防御作战网，使美国的战略防御相形见绌"。

美苏"星球大战"的竞争

二、"红星大战"计划的主要内容

苏联在 20 世纪 60 年代初开始启动"战略防御"计划，其主要内容归纳起来可分为：反卫星武器、反弹道导弹武器和国土战略防空体系三大战略防御武器系统。

1. 反卫星武器系统

苏联认为反卫星武器是破坏对方战略核空袭，有效实施战略空间防御的重要手段。因此，苏联的"红星大战"计划主要研究对付卫星，不像美国的"SDI"计划主要对付弹道导弹。苏联的反卫星武器主要有两种形式：

（1）"以星打星"，就是以卫星打卫星。苏联早在1963年就研制出一种共轨道非核杀伤的反卫星武器，其歼击器长4.2米，直径1.8米，用SS－9型洲际弹道导弹发射入轨，可在150～1700千米高度的范围内捕获目标，攻击低轨道上的侦察、导航、气象卫星，以及航天飞机、空间站等。1968年10月20日到1982年6月18日，苏联已先后进行了20次以卫星反卫星的拦截试验，取得比较理想的效果。主要方法就是先将目标卫星送入轨道，再发射反卫星卫星进行拦截，其最低高度150千米，最高高度1710千米。

"以星打星"的首次试验是在1968年10月20日，苏联的丘拉坦宇航基地先发射了"宇宙"248号卫星，接着又发射了"宇宙"249号和252号截击卫星。这两颗截击卫星分别绕地球运行2～3圈之后，同时在525千米高度的轨道上迅速接近"宇宙"248号目标卫星，并同时自爆成功，用碎片将目标卫星摧毁。1978年5月19日，苏联又进行了一次典型的反卫星试验。先将"宇宙"1009号卫星从地面发射入轨，然后该卫星便向位于985千米高度的"宇宙"967号目标卫星冲去，在靠近目标时引爆，将目标卫星撞中摧毁。1982年6月，苏联在一次大规模军事演习中，以对假设敌进行核袭击为背景，在发射了洲际弹道导弹和反弹道导弹的同时，还进行了拦截敌方军事卫星的反卫星武器的大规模综合试验。在试验中，苏联发射的"宇宙"1379号截击卫星，以散射"密集如雨的钢球"的拦截方式，成功地摧毁了"宇宙"1375号目

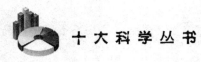

标卫星。

上述这些成功的试验，充分说明在美国的"SDI"计划尚未出台之前，苏联就已掌握了反卫星的技术，这无疑比美国领先了许多年。

关于苏联在 1982 年 6 月以前进行的"以星打星"试验情况，如表 1 所示。

表 1 1968 年 10 月～1982 年 6 月苏联"以星打星"试验统计

试验	日期	拦截器 （宇宙系列号）	拦截高度 （千米）	拦截之前 轨道运行圈数
1	1968. 10. 20	249	525	2
2	1968. 11. 1	252	535	2
3	1970. 10. 23	374	530	2
4	1970. 10. 30	375	535	2
5	1971. 2. 25	397	585	2
6	1971. 4. 4	404	1005	2
7	1971. 12. 3	462	230	2
8	1976. 2. 16	804	575	1
9	1976. 4. 13	814	590	1
10	1976. 7. 21	843	1630	2
11	1976. 12. 27	886	570	2
12	1977. 5. 23	910	1710	1
13	1977. 6. 17	918	1575	1
14	1977. 10. 26	961	150	2

（续表）

试验	日期	拦截器 （宇宙系列号）	拦截高度 （千米）	拦截之前 轨道运行圈数
15	1977.12.21	970	995	2
16	1978.5.19	1009	985	2
17	1980.4.18	1174	1000	2
18	1981.2.2	1243	1005	2
19	1981.3.14	1258	1005	2
20	1982.6.18	1379	1005	2

（2）"以能毁星"，就是用定向能武器反卫星。从20世纪60年代以来，苏联就开始了激光武器的研制，到70年代后期，突然加速了这项研究，投资也加大了。这主要是因为反卫星卫星有两个致命弱点：一是作战高度仅在2000千米以下，且只能攻击低轨道上的航天器，而对部署在3.58万千米同步轨道上的起关键作用的军事卫星，它却无能为力；二是由于在太空运行的各类卫星太多、分布太广、速度也太快，用一个卫星截击另一个卫星，这种一对一的拦截方式，其作战效能不仅太低，且费用也太大。

苏联开展激光定向能武器研究计划不但比美国起步早、规模大，仅参加此项研究工作的科学家和工程师就有1万多名，还有6个大型的研究试验场和研究中心，而且在激光定向能武器用于反卫星的许多技术领域也领先于美国。苏联在20世纪70年代中期就已经拥有能用于反卫星的激光炮。用于反卫星的激光武器通常有4种攻击方式：一是完全摧毁卫星；二是干扰或破坏其光电系统而使卫星失效；三是使卫星在太空翻

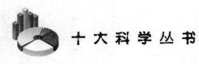

滚，天线失灵；四是用 X 射线激光照射，使敌方同步卫星产生静电现象，破坏卫星的光电系统。迄今，苏联的战略激光武器虽未投入战场，但在一系列试验中，其破坏性能已得到验证。例如，1975 年 11 月，苏军用试验陆基激光武器，曾将美国飞抵苏联西伯利亚上空监视导弹发射场的预警卫星和侦察卫星打"瞎"，顷刻间使这两颗卫星失效。这是有记载的首次试用成功的战例。又如，1981 年 3 月中旬，苏联一颗"宇宙杀伤者"卫星上装载的高能激光器，使美国一颗卫星中的照相、红外和电子设备完全失效。美国专家当时就认为这颗"杀伤者"卫星还使用了特殊的红外传感器来导向它的目标。

这些试验性的进攻，足以证明苏联已具备陆基激光器和天基激光器用于摧毁和干扰美国低轨道卫星的能力。因此，美国里根政府也不得不承认，"莫斯科在这方面遥遥领先于华盛顿"。

苏联致力于发展反卫星武器系统，是基于卫星系统在整个"SDI"计划中占有举足轻重的地位，而苏联在这一领域取得的领先优势，迫使美国不敢轻视苏联的战略防御力量。

2. 反弹道导弹武器系统

苏联一贯重视反弹道导弹的研究，在全世界处于遥遥领先的地位。20 世纪 80 年代，苏联就拥有了世界上唯一具有实战能力的战略反导弹武器系统。苏联的反导弹武器主要分为两种形式：

（1）"以弹打弹"，就是以弹道导弹拦截美国的核导弹。早在 1962 年，苏联就在莫斯科周围开始建造"莫斯科反导系统"。这是一种单层防御系统，主要包括 8 个能发射被美国人绰称为"橡皮套鞋"的反导弹导弹（ABM－IB 型）发射阵地，以及 64 个可重新装载的地面发射装置，每个发射场上还有 6 部导航和作战雷达，并在莫斯科南部设有"狗窝"和"猫窝"战斗管理雷达。"橡皮套鞋"式反弹道导弹是装有核弹头的陆基导弹，长约 20 米，与相配套的 3 部专用雷达组成反导系统，能覆盖数千平方千米的地区，主要用于敌方核弹头再入大气层之前，在太空拦截它们。20世纪70年代开始，为了使"莫斯科反导系统"克服不能对付诱饵、干扰物和核效应等缺陷，苏联进一步改进了反弹道导弹的性能，研制出特级超音速截击导弹，称为"小羚羊"SH－8型，并研制了更先进的大型相控阵探测雷达和"鸡窝"、"狗窝"、"猫窝"雷达及"普希金诺"雷达，按规定可设置100部发射反导弹装置。从而使苏联于1987年就完成了称之谓"新莫斯科反导系统"（ABM－X－3）双层防御的战斗部署。

战略预警是实施战略防御的重要前提，因此受到苏联的密切关注，投资大、发展快。苏联的反导预警探测系统包括两层：第一层是由两部超视距雷达、9部大型相控阵雷达和预警卫星组成的发射探测卫星网，该网络能在30分钟左右的时间内对美国的洲际弹道导弹发射发出预警，并能确定导弹的大致发射地点；第二层为苏联围绕国境线6个阵地的11部大型"鸡笼"式弹道导弹预警雷达网，这些雷达能区别进攻规模的大小，证实卫星和超视距雷达系统的警报是否准确，并提供目标的准确跟踪数据。

更令世人关注的是苏联此后建造的6部新的大型相控阵雷达组成的预警网，它较之"鸡笼"网具有更高的精度，能同时跟踪更多的目标。这套系统一旦投入作战使用，将大大提高苏联的战略防御能力，使苏联具有全国性反导弹防御能力。

（2）"以能毁弹"，就是用定向能武器和动能武器反弹道导弹。苏联自20世纪60年代开始研究高能激光，每年投资约10亿美元，至少建成了6个研究与发展设施和实验场，多数试验都是在萨雷沙甘导弹试验中心进行的，而"γ（嘎玛）射线"激光器则是重点研制项目。1981年，苏联曾对飞行中的导弹进行过激光打靶的成功试验；1983年，用新研制的碘激光进行试验，击落了弹道导弹。此外，从60年代开始，

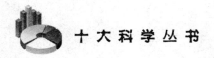

苏联便致力于天基粒子束武器的可行性研究，70 年代初又制定了在外层空间部署粒子束武器的研究计划，并在"联盟"号飞船和"礼炮"号空间站上进行过 8 次粒子束武器试验。

3. 国土战略防空体系

苏联的"战略防御"计划与美国"SDI"计划的最大不同之处在于：苏联的"战略防御"计划除了早在 20 世纪 60 年代初就注意研究发展天基防御手段外，还十分重视利用常规战略武器装备进行国土防空，积极发展常规战略武器装备。苏联的国土防空体系由庞大的地空导弹系统、配套的雷达系统和大量截击战斗机所构筑。

当美国在 20 世纪 60 年代就开始拆除防御苏联轰炸机的大部分设施时，苏联却为研制各种战略防空武器系统，继续投入大量的人力物力。经过近 30 年的不断努力，苏联的战略防空网充分发挥了军用高科技的支撑作用，不仅拥有对付美国战略轰炸机的能力，并不断提高对付低空飞行的进攻飞机和巡航导弹的能力。从而使作为苏联"战略防御"计划重要组成部分的国土战略防空体系，成为美国"SDI"计划难以对付的战略防空网，成为美国的心腹之患。

三、实施"红星大战"计划取得的主要成就

美国提出"SDI"计划，进一步促使苏联更加积极实施早于美国 20 年的"红星大战"计划，并在以下一些领域取得了令人瞩目的成就。

1. 成果耀眼的太空武器系统

根据 1987 年美国国防部和国务院的研究报告《苏联"战略防御"计划》推断，以及苏联科学家委员会关于如何对付美国"SDI"计划的研究报告透露，苏联把高新技术作为发展空间武器的主要突破口，在太

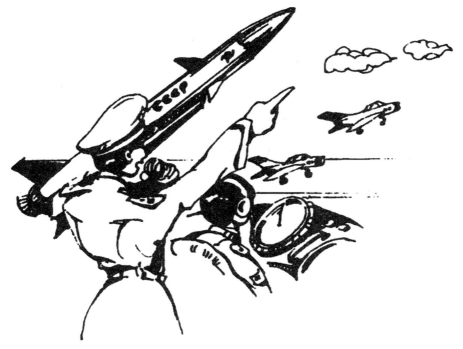

苏联防空军队的实力成为美国的心腹大患

空武器系统方面取得了多项成果。

（1）激光武器。苏联对激光武器研究不仅比美国早、规模大，而且早在1979年就取得了用陆基激光武器摧毁地面目标的成功试验。此后，1981年用陆基激光器对飞行中的战术导弹进行了成功的打靶试验；1981年3月用"宇宙杀伤者"卫星装载高能激光器，使一颗目标卫星失效；1983年用新研制的天基碘激光器进行了击落一枚弹道导弹的成功试验，从而完全证实了激光作为"战略防御武器"的效用。

在此基础上，苏联还研制了认为很有希望用于武器的气体激光器，主要有三种：气动激光器、放电激光器和化学激光器。尤其是在激光器的主要能源功率、能源储存和配套部件等方面取得了很大成就。

（2）粒子束武器。自20世纪60年代后期以来，苏联一直在进行探索使用粒子束作为太空武器的可行性研制工作。70年代初，苏联就制定了在外层空间部署粒子束武器的研究计划，曾先后8次在"联盟"号飞船和"礼炮"号空间站上进行粒子束武器试验。试验结果表明，粒子束的速度可达30万千米/秒，它不受大气层中的云雾雨雪和地球磁场的影响，其性能比激光器更优越。自70代末起，苏联在萨罗瓦和塞米巴拉兰斯克试验基地成功地进行了多次利用粒子束破坏铝合金和高爆炸药试验，并同时进行核聚变试验。1983年春，苏联正式开始进行更大规模的粒子束武器试验。据估计20世纪90年代可能进行了一种用于破坏卫星电子设备的原型粒子束武器试验，然后将进行用以摧毁卫星的武器试验。估计到21世纪初，俄罗斯将研制出作战使用的反弹道导弹的粒子束武器。

（3）动能武器。所谓动能武器，就是以采用小质量弹丸与攻击目标高速碰撞的武器系统。早在20世纪60年代，苏联就研制出了一种能发射钨、铅、钡、钼等重金属粒子弹丸的实验性电磁炮，其速度在空气中可达25千米/秒，在真空中可超过60千米/秒以上，其撞碰力之大相当惊人。苏联为了对付美国的太空作战平台，还研究设置小颗粒云障碍，这是一种以破坏太空作战平台为目标的动能武器。试验结果表明，一颗仅重30克的云粒，当其速度为15千米/秒时，就可击穿战斗平台15厘米厚的防护钢板外壳。因此，只要在激光武器战斗平台上的轨道上撒下一小片微粒云，就足以破坏反射镜表面，直接影响激光束的聚焦。

苏联的另一种动能武器，是在轨道上部署"太空雷"，用以破坏和干扰美国的太空武器系统。"太空雷"又叫"天雷"，这种"天雷"不仅有雷壳、引信和威力相当大的战斗装药，而且还有识别、跟踪目标的探测导引装置和能向目标靠近的机动能力。它是一种结构简单、价格便宜、体积小、重量轻的太空武器，将它送入与敌方太空战斗平台相近的轨道后，通过地面指令引爆，就可以破坏技术复杂且价格昂贵的战略防御系统。据估计，俄罗斯在 20 世纪 90 年代中期或 21 世纪初，部署了防御弹道导弹的远程太空动能武器系统，而在此之前将部署一种用于近距反卫星和卫星、太空站自卫的短程太空动能武器系统。

2. 先进发达的军事航天系统

为发展多样化的太空武器提供必要的手段和条件，苏联积极开发太空航天技术。苏联的航天技术是以火箭导弹技术为基础，以军事航天系统为主体发展起来的。苏联的军事航天器由多样化、系列化逐步向系统化、实用化方向发展，军事航天系统已成为气象观测、导航、情报搜集、通信和指挥，以及空间防御、弹道导弹防御等方面极为重要的环节。

（1）航天运载火箭。苏联在中、远程弹道导弹的基础上，已研制出 8 个系列的航天运载火箭，包括"卫星"号、"东方"号、"闪电"号、"宇宙"号和"质子"号等。这些火箭可以把大小、重量、载荷、用途不同的军用航天器送入不同的轨道，如近地、大椭圆、太阳同步、地球同步等轨道。

苏联还进一步发展大、中型运载火箭。大型运载火箭的运载能力可达 150 吨以上，主要用于发射大型军用航天站、航天飞机、空间防御与天基激光武器系统，以及未来的火星载人飞船等。而中型运载火箭的低轨道运载能力约为 15 吨，可用于发射大型侦察卫星和小型航天飞机。

1987 年 5 月 15 日，苏联进行了"能源"号大型运载火箭的首次飞行试验。"能源"号是当时世界上唯一的最大推力运载火箭，能把 100 吨有效载荷送入 180 千米高度的地球低轨道。它是一种可回收的两级运载火箭，全长 70 米，最大横向宽度 20 米，第一级为捆绑式 4 台液体发动机，推进剂为液氧—煤油；第二级为"芯级"，由 4 台液体发动机组成，推进剂为液氢—液氧，总推力为 8 兆牛。起飞时，第一、二级 8 台

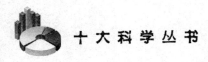

发动机同时点火，使起飞总重量达 2400 吨以上的运载火箭驮着发射重量为 100 吨的"暴风雪"号航天飞机安稳起飞。"能源"号的试射成功，标志着苏联的航天技术发展进入了一个新阶段。此后，苏联加紧研制"SL－W－1"型大推力运载火箭和起飞推力达 39.2 兆牛的"SL－W－2"型"新和平"号超大推力运载火箭。

（2）人造地球卫星。自 1957 年 10 月 4 日，苏联成功地发射了世界上第一颗人造地球卫星，成为世界上最先开拓探索外层空间的国家以来，航天事业蓬勃发展，规模日益扩大，成为世界上发射航天器最多的国家。据统计，截至 1988 年底，苏联已累计成功发射航天器 2561 个，占世界航天器发射总数的 64.8%；成功发射军用卫星 1821 个，占世界军用卫星发射总数的 73.8%。苏联在各种不同高度的轨道上共有大约 150 颗以上的卫星运行，以保障全球作战指挥。

（3）航天飞机。苏联从 60 年代后期开始研制航天飞机，有两种类型：一种是小型的，主要用于空间侦察和太空作战，其特点是灵活机动，应变能力强；另一种则是类似美国的航天飞机，主要用于发射、回收和维修卫星，装配大型空间设施，以及为大型航天站提供后勤支援，运输人员、物资和空间设备等。苏联研制的名为"暴风雪"号大型航天飞机的结构与美国航天飞机的外形相似，不同的是在垂直展翼底部装有两台喷气发动机，作为推动力以保证着陆安全，起飞时的助推器用的是液体燃料。"暴风雪"号机长 30 米，翼展 23.17 米，高 16 米，机身直径 5.6米，结构总重约 62 吨，发射重为 100 吨。该航天飞机经过多次地面起降试飞后，于 1988 年 11 月 15 日早晨 6 时，由"能源"号运载火箭驮在背上发射升空成功后，在轨道上绕地球两圈，于 9 时 25 分返回地面，降落在中亚拜科努尔太空发射中心的跑道上。这架航天飞机的首次试飞是无人驾驶起降的，它能在很窄的跑道上自动降落，这表明它比美国的航天飞机要略胜一筹。1990 年苏联又研制出了一架改进型航天飞机。

载人航天器方面。苏联自 1961 年 4 月 12 日发射世界上第一艘"东方"号载人飞船以来，至 1963 年 6 月，先后发射了 6 艘"东方"号飞船，飞船重约 4.7 吨，可乘坐 1 名宇航员。1964 年 10 月至 1965 年 3 月，又发射了两艘"上升"号飞船（"东方"号的改型），"上升"1 号可载三名宇航员，"上升"2 号可载两名宇航员。"上升"2 号飞船增设了一个气闸舱，宇航员列昂诺夫通过气闸舱走出飞船座舱，在太空行走了 20 多分钟，开创了人类第一次在太空行走的记录。

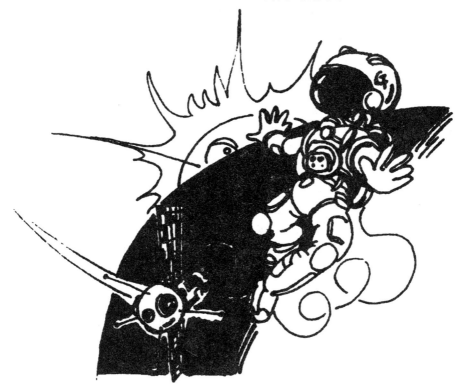

苏联"上升"2 号飞船首次实现了人类在太空行走

　　1967 年 4 月至 1981 年 5 月，苏联共发射了 40 艘技术上更先进的

"联盟"号飞船，它可载 2～3 名宇航员，总重量 6.8 吨，由轨道舱、返回舱和推进舱组成。1979 年以后，"联盟"号又改进成可载 3 名宇航员的"联盟"T 号，到 1986 年 3 月共发射"联盟"T 号飞船 15 艘。1986 年后，"联盟"T 号发展为"联盟"TM 号，它是苏联为"和平"号空间站接送宇航员的重要工具。

1971 年 4 月，苏联发射了名为"礼炮"1 号的世界上第一个空间站，它重约 18 吨，长约 14 米，最大直径 4.2 米。所谓空间站就是一种可供多名宇航员长期居住和工作的大型航天器，其结构复杂，规模比其他航天器大得多，通常是由密封的居住舱、对接过渡舱和非密封的资源舱等组成。1971 年 4 月至 1982 年 4 月，苏联共发射了 7 个"礼炮"号空间站。

1986 年 2 月，苏联又发射了一个性能更为先进的"和平"号空间站，它除前后轴向各有一个对接口外，在其对接过渡舱的四周还有 4 个对接口，用以对接四个专用的实验舱，组成重达百吨的大型复合式空间站。苏联利用"和平"号空间站已进行了六、七千次科学实验，包括天文物理、空间材料基础工艺、生物技术、新航天服试验、空间维修、生命医学实验等，并进行了小批量空间材料和空间药物的生产。

空间站在平时是科研实验室，而在战时则可作为天基作战指挥部和武器发射台。因此，苏联依靠载人飞船、航天飞机和空间站"三位一体"的军事航天系统，可对地面、海上、空中和太空目标进行全方位攻击。特别是作为苏联"航天母舰"的大型空间站，它既可停靠载人飞船、航天飞机，又可提供军事作战的天基后勤支援保障系统，因而它与各种自动化的航天系统相配合，必将成为未来空间作战的重要力量。

3. 覆盖内空与外空的防御系统

第二次世界大战后，苏联为了防御美国的进攻，大力发展空中防御力量，成为世界上防空实力最强的国家。到 1985 年，苏联已先后研制出 5 种可供作战使用的地空战术导弹系统，分别是 SA—1、SA—2、SA—3、SA—5 和 SA—10，拥有 1200 多个战略防御发射场，有近 1 万个地对空导弹发射装置，4000 多个战术地空导弹运载火箭发射架，可提供全天候的低空、中空和高空的区域防空力量。此外，苏联还有 1200 多架可用于防空的战略防御截击机和可部分担负战略防御任务的 2800 多架高级截击机，其中，最新式的防空截击机米格—31 具有下视、下射和攻击多目标的能力，它挂载的 AA—9、AA—10 型空空导弹可攻击低空飞行目标。

在探测、预警、指挥手段方面，苏联已形成了全国范围的防空雷达网，部署有 1 万部雷达和三部超视距雷达。这些雷达不仅数量多，机动性好，且对中、高空目标探测能力强，从而形成一个覆盖全境的中、高空防空预警网。从 1983 年开始，机载预警与控制系统飞机在原有 12 架"苔藓"预警机的基础上，通过对伊尔—76 大型客机的雷达和控制系统的改进，已发展成与美国 E—3A 预警机相当的新型指挥控制飞机，可用于预警来袭的巡航导弹、战略轰炸机以及实施电子战等。

四、"红星大战"计划的深远影响

苏联的"战略防御"计划同美国的"SDI"计划一样，都对政治、军事、外交、经济等诸方面产生了深远影响。

1. 政治上的影响

苏联一再表示，一方面要极力反对美国的"SDI"计划，另一方面为了打破美国的遏制战略，要采取多种措施，其中重要的一项措施就是增加战略核武器的数量——即使只有 10% 的战略核武器被美国"SDI"计划的防御所"遗漏"，这 10% 也能对美国构成直接威胁。这种核武器

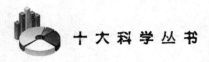

竞赛的加剧，无疑将增加核战争的可能性。第二次世界大战后40多年来，之所以能保持未打核大战的"和平"，实质上是核威胁下的一种恐怖性和平，这依赖于美苏双方的核均衡。如果这种核均衡被打破，不管是美国还是俄罗斯，只要有一方取得攻防方面的技术突破，必将会增加核战争的可能性，直接威胁世界和平。

2. 军事上的影响

导致了苏联与美国的军备竞赛进一步加剧。在导弹与反导弹上，美国发展核导弹，苏联则发展反导弹系统；苏联发展反导弹系统，又导致美国采取各种措施，加快研制新技术、新武器。为对付苏联的"红星大战"计划，美国出于争夺战略主导权的本性驱使，必将进一步加快发展"SDI"计划的攻防体系。

3. 外交上的影响

苏联可以利用自己在战略防御系统方面取得的成果，作为与美国谈判的筹码，一方面迫使美国谨慎从事，另一方面又可对西欧各国发动外交攻势，劝说西欧各国反对或不参与美国"SDI"计划，对西方各国进行软硬兼施的分化工作。美国总统里根就曾多次指责苏联利用战略防御成果"试图以威胁跟歪曲来煽动世界舆论和利用西方的分歧"。苏联在战略防御系统中实力的增强，必然会在外交谈判上获得有利地位，争得主动。

4. 经济上的影响

尽管苏联一再宣称因经济拮据而削减在战略防御方面的投资，但实际上军费开支却在逐年增加。1977～1983年，苏联的军费开支年均增长率为2%；从1984年起，军费开支大幅度增长，到1985年国防预算增长率已高达12%。与此同时，由于军用高技术向民用转移，对国民经济的发展也有所裨益，特别是航天技术民用化获得的经济效益更为显著，激光技术的民用也取得了很大的经济效益。

5. 对高技术发展的影响

苏联实施"红星大战"计划对高技术发展的推动是不言而喻的，特别是"加速发展"战略和《科技进步综合纲要》的实施，进一步促进前苏联在微电子技术、计算机技术、新能源技术、新材料技术、激光技术，以及生物技术等高科技领域全面发展，取得了巨大的成就，提高了综合国力。

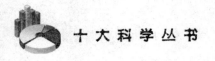

振兴科学技术政策大纲

　　振兴科学技术政策大纲是 1984 年 11 月 27 日，由日本科学技术领域的最高决策机构——科学技术会议向中曾根首相正式递交的一份咨询研究报告《关于适应新的形势变化，立足于长期展望的振兴科学技术的综合基本对策》的简称。"振兴科学技术政策大纲"明确提出了日本今后 10 年的科技发展规划，为日本未来的发展确定了"科技立国"的基本国策，勾画出了科技发展战略的蓝图。

一、振兴科学技术政策大纲的历史背景

　　第二次世界大战后，日本经济迅速恢复和发展起来，取得了举世瞩目的成就。日本经济的腾飞，主要得益于科学技术的进步，因此，日本始终把科学技术作为发展战略的基本思想。20 世纪 70 年代，针对资源贫乏、人口增长、环境污染，以及产业结构不合理等国情，日本组织了大规模的技术开发研究。在许多技术领域，日本不仅达到了西欧的先进水平，而且赶上了美国，通信、微电子技术等已走在美国前面，机器人的制造和应用名列世界第一。但是，日本在发展过程中也存在许多不足，其中致命的弱点是，在科学技术上主要靠引进和模仿

别国，因此不仅受制较多，而且也难以形成技术领先的优势。

日本依靠科技立国，使二战后国民经济发展取得了举世瞩目的成就

进入 20 世纪 80 年代以来，面对以高新技术为核心的世界高科技革命浪潮，尤其是美国、西欧各国相继提出庞大的高技术研究开发计划之后，日本政界、科技界的权威人士意识到，美欧各国再也不能容忍由日本人来获取他们的技术开发成果了，"要想握有经济霸权，必须拥有能给予经济以很大影响力的尖端技术"。为了抓住机遇，迎接新的挑战，日本于 20 世纪 80 年代初明确提出了科学技术立国的方针，并制定了以高技术为主要内容的综合性科技发展规划：一是科技厅的"创造性科学技术推进制度"，主要着眼于物质与生命这两个相关的领域，包括七个主题，期望在微电子技术、大规模集成电路、光导纤维、仿生工艺等领域取得突破；二是通产省的"下一代产业基础技术研究

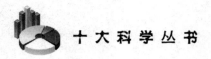

开发制度”，立足于 21 世纪的产业技术基础，为日本面临的各种社会经济问题寻找出路，确定了新材料技术、生物技术及新功能元件等三个领域的 12 个基础研究项目，组织产业界、学术界和科研机构的研究人员联合攻关。在此基础上，日本科学技术会议从国家战略全局的高度出发，进一步制定了振兴科学技术政策大纲，强调“独创是国家兴旺的关键”，力图通过开发有独创性的自主的科学技术，特别是高技术，来占据科技前沿的领先地位，达到进一步巩固和加强世界经济大国的地位，并力图从经济大国向科技大国、军事大国发展，进而在 21 世纪取得与美国并驾齐驱的大国地位。

1985 年 3 月 28 日，日本内阁正式确定了面向 21 世纪的振兴科学技术政策大纲。

二、振兴科学技术政策大纲的研究开发领域和项目

振兴科学技术政策大纲提出的战略目标是在 1985～1995 年期间，鼓励科学技术创造性工作，重点加强基础研究，增强技术基础，使日本在基础研究方面进入世界先进行列。

振兴科学技术政策大纲从日本的国情出发，提出了 1985～1995 年期间对日本发展具有关键意义的三大部类研究项目：一类是促进技术发展的基础性和开拓性的科学技术；二类是推动经济发展的科学技术；三类是改善社会生活水平的科学技术。

1. 促进技术发展的基础性和开拓性的科学技术

第一大部类包括 7 大高技术领域的 34 项重大研究课题。其重点是：

（1）微电子技术与信息技术。在 1984 年试制成功 1 兆位、1 兆比特存储器的基础上，进一步研究开发微电子技术，包括：

①第五代计算机及其相关的数学、符号处理和心理学，并研制出生物电子学的生物计算机；

②深入研究光电子学，把光缆、通信卫星和现有信息载体组成一个公共数字一体化的通信网络；

③研究约瑟夫逊结、图像处理和智能传感器等新型器件，大力发展计算机芯片；

④研制工业机器人，使之具有人工智能的视觉、触觉和人机对话能力，发展柔性制造系统。

（2）生命科学和生物技术。一方面加强揭示生命现象的机理研究，另一方面大力发展与工、农、林、牧业有关的生物技术，包括：

①将基因重组扩展到细胞重组的研究；

②研究脱氧核糖核酸的提取、分析和合成；

③研究功能蛋白质的设计、改性和合成；

④研究染色体工程，包括染色体的调整和标记；

⑤研究细胞和细胞组织的成分、调整和改变，以及整个有机体的发育技术；

⑥研究人脑的机制和人类的免疫机制。

（3）新材料技术。新材料是高技术的基础，着重研究开发下列技术：

①研究在超高压、超高温、超强磁场下制造有特殊性能的材料；

②研究有机超导材料；

③研究人工晶格和无定形结构；

④研究材料表面定性及其分析方法；

⑤发展自由电子、准分子和化学激光器；

⑥建立与材料有关的计算机模拟和数据库；

⑦研究材料与 X 射线、轻离子束、重离子束的相互作用；

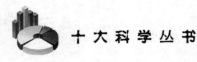

⑧研究超细粒子、高度有序结构及薄膜的形成和纯度控制；

⑨研究人造骨骼等仿真材料；

⑩研究材料分析和评价的新技术等。

（4）地球物理科学。包括：

①研究地幔动力学、地震和火山的活动性，以阐明陆界现象；

②研究新型数据网络和地球资源卫星系统。

（5）海洋科学技术。包括：

①研究大气与海洋的相互作用、异常气候条件及台风的起因，研制预测地震、台风和水灾等自然灾害的新型观察卫星遥感系统与地面设备，以及综合性水下观测浮标系统、观测艇等观测系统；

②发展水下遥感、深海地貌以及地质测量技术；

③研究海洋勘测和深海海底勘测系统；

④促进海洋开发和利用，研制水下机器人研究海洋能发电，发展海上牧场和近海工厂，以实现海洋的全面开发。

（6）软件技术。重点发展基本理论及软件生产方法。

（7）空间科学技术。包括：

①发展空间探索科学，加强科学探测卫星、高灵敏度的望远镜及行星探测卫星等技术的研究，促进对类星体和地球、月球等的研究；

②发展空间利用的各种人造卫星、方位控制、交会和对接的大型空间结构技术；

③研究开发空间环境利用的空间试验室、宇宙飞船、空天飞机、空间制造新材料、新医药和新加工工艺技术。

2．推动经济发展的科学技术

第二大部类包括 6 大高技术领域的 31 项重大研究课题。其重点是：

（1）开发和管理自然资源。研究改进自然资源调查和勘探技术，研究开采海底热水矿、生物和地下水中回收有用金属等技术。

（2）能源的开发和利用。开发核动力，发展矿物能源，研究包括太阳能和风力能、高温岩石能，以及有机光能等自然能源的化学储存方法，研究能量的有效利用技术，研制陶瓷涡轮发动机等。

（3）食品生产。发展育种和增殖技术，研究栽培技术和饲养技术的改进，强化耕地、森林的生产能力。

（4）制造工业。开发新材料及处理技术，促进高温高强度合金、复合材料和结构陶瓷的发展，改进新材料的应用技术，研究智能生产和管理技术。

（5）资源的再循环和利用。研究包括水资源在内的密集型利用技术，再循环和利用废料技术。

（6）社会和生活服务的改进。改进社会服务技术，创立无人商店，发展先进的交通运输技术，在飞机、海洋船舶自动导航和交通管理系统中应用人造卫星技术，发展经济、安全的超音速飞机、高速磁悬浮列车，研制使用电力发动机、氢气发动机的汽车，发展新型的综合通信网络，研究服装设计和剪裁，以及改进食品技术。

3. 改善社会生活水平的科学技术

第三大部类包括 4 大高技术领域的 31 项重大研究课题。其重点是：

（1）促进和维护身心卫生。建立新的医疗系统，研制人造器官，研究重粒子射线辐射疗法，研究加强社会适应能力的措施。

（2）建立崭新的文化生活。研究改进生活方式和文化活动的科学技术，广泛研究适应老龄人的生活和健身方法。

（3）建设舒适、安全的社会。研究城镇和农村土地规划工作，发展新型交通、运输和信息通信系统，研究预防自然灾害的方法，改进环境保护措施。

（4）改善全球范围的人类环境。研究全球性环境问题的解决方案，包括治沙、造林、防止空气与海水污染的技术，并对改善发展中国家的

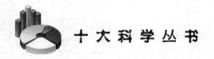

科技发展带来了新的医疗系统、人造器官和新的生活方式等

生活作出贡献。

三、振兴科学技术政策大纲的特点和实施的措施

1. 主要特点

（1）把民用高技术放在首位。即使在空间技术领域，也是主要强调空间探索、空间利用和空间环境利用三方面，没有公开提出军事性项目。

（2）在加强国家干预、增加国家投资的基础上，注重鼓励具有超前性的基础性研究工作，强调追求创新和探索。

（3）强化科学技术全方位地为经济、文化、卫生保健、环境和生态改善服务。

（4）重视高技术开发区，包括"孵化器"和各种开发小区的建设。

（5）投入与产出之比方面，比美国的"星球大战"计划更有效益，投资的回收期更短，因而更有助于增强国际竞争力和综合国力。

2. 主要措施

为推进振兴科学技术政策大纲的顺利实施，日本采取了如下措施。

（1）增加研究与开发（R＆D）投资。在1985～1988年期间，R＆D投资将从占国民总收入的0.2％递增到3％，到1995年要提高到3.5％，从而使日本成为世界上R＆D投资占国民总收入比例最高的国家之一。

（2）确立政府、产业界、学术界"三位一体"密切合作的体制。即强化政府、企业和大学之间研究与开发的合作关系，发挥企业的创意和活力，更要充分发挥富于进取的工程技术人员的创新精神，并为此提出了相应的政策：一是对民间企业在税收和金融制度方面给予优惠与灵活自主性；二是对承担大型研究开发项目的单位，在原料、能源乃至粮食方面确保稳定供应，并大力解决环境保护和安全等社会问题；三是利用国家积累的资金，有效地支持高科技项目的研究与开发；四是加强大学、国立试验研究机构的科研活动，扩大政府对研究开发的投资，加强对具有独创性人才的培养，此外为适应社会老龄化趋势，对不同年龄段的科技人员采取不同的措施，创造不同的条件和环境，以便各尽其才，充分发挥各自才能；五是积极组织灵活多样的学术交流活动，推动科技人才交流，完善科研成果的推广、转化、应用工作，开辟新的市场。

（3）加强国际间的交流与合作。广为吸引国外科技人员参与日本的研究开发计划，利用日本的研究设施进行基础研究，并积极组织具有独创性的优秀科技人员出国学习考察，广泛开展国际间的科技交流。

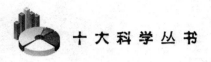

进入 20 世纪 90 年代以后，为了进一步推动和活跃基础研究，1990 年，日本制定了将具有独创性的优秀青年人才派遣到国立试验研究机关的科学技术特别研究员制度；1991 年，实施了独创研究人才的培养制度；1993 年，对大型工业技术研究开发和下一代产业基础技术研究开发制度等进行了修改，制定了产业科学技术研究开发制度。

四、独树一帜的 "HFSP" 计划

在振兴科学技术政策大纲的指导下，日本卓有成效地组织实施了一系列大规模的高技术计划，力求以基础科学和高技术的创新，抢占高科技前沿。其中可与 "尤里卡" 计划相匹敌的一项高技术计划，就是 "人类新领域研究" 计划（HFSP）。这是一项旨在为人类社会作出贡献的大规模国际研究开发计划，为期 15～20 年，耗资将超过 1 万亿日元，主要从本质上弄清生物体的各种机能，以便更好地人工利用这种功能，进而研制出类似人脑和神经系统的电子计算机，国际上称之为 "电子武器"。

"HFSP" 计划把生物机能分为物质和能量的转换机能与信息转换机能两大类。

1. 物质和能量的转换机能

所谓物质和能量的转换机能，是指可以把物质和能量的转换本身当做物质和能量转换机能的发现来理解，诸如植物所具有的光合机能，微生物所具有的各种物质生产机能，以及肌肉的收缩机能等转换机能。这一大类的研究课题包括 10 个项目：

（1）分子的识别和反馈机能。主要研究生物体的自我增殖、自我修复及维持恒定性的机能，探索分子间和分子同集合体之间在生物体内如何进行极其严密的相互识别及相互识别后产生的反馈，从而理解生命的本质，发挥生理活性分子（激素和生长基因等）的重要作用。

（2）物质转换机能。探索生物体中新的物质转换机能，从基因及酶的角度弄清其机能，进而合成和组装具有各种机能的因子，并由此来发现人工的机能，开发可在工程学上加以利用的人工酶。

（3）物质输送机能。从生物化学和工程学方面研究生物体中的物质输送机能，并建立与此有关的再构成体系、模拟体系和人工膜输送体系等。

（4）能量转换机能。研究生物体中绿色植物及光合微生物的光合系统，为加强和改变生物体本身的光合机能及开发完全由人工进行光合的系统提供根据，进而从过剩的二氧化碳、水和太阳能中稳定地生产清洁的能源——氢和食品。

（5）运动机能。生物体的运动机能是进行对外活动最重要的机能之一，从蛋白质角度研究肌肉运动机能，弄清与肌肉运动相关的每种蛋白质的构造、特性及其相互作用的机能，从而开发出迄今还没有过的高性能的小型动力系统。

（6）细胞控制机能。研究生命的基本单位——细胞的机能，谋求把研究成果应用于医疗工程学，大量生产有用物质并开发细胞反应器，以研制出治癌药物和其他医药化学品。

（7）形成分子聚集体机能。弄清生物体分子是如何形成的，研究出仿效分子聚集体机能的新机能分子聚集体的构成方法，以达到自由控制结构的目的。

（8）形成组织的机能。研究形成组织的机能，从而开发出混合人工器脏细胞和器官反应器、新型电磁传感器及自我修复组织的形成材料，以期广泛应用于工程学。

（9）维持和修复机能。人的一生中，大部分时间是在维持已完成的

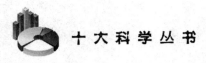

机能，防备各种伤害和修复伤害的过程中度过的。主要研究生物体发生种种障碍的因素，从分子、细胞、组织和器官、生物体角度研究生物体的维持和修复机能，从而开发出人工肌肉、人工骨骼、人工血管等人造物质。

（10）适应性机能。研究开发出既具备生物体机能性，又具备生物体适应性的材料。

2. 信息转换机能

所谓信息转换机能，是指生物体的创造和思考机能，记忆、学习和认识机能，神经控制机能，感觉机能等脑的高级机能。这一大类的研究课题包括 6 个项目。

（1）创造和思考机能。这是人类最有代表性的机能，它是人类所有活动的动力。研究采用随着计算机科学的发展而不断发展的新方法论，弄清创造、思考过程的机制和结构，并采用最新计测技术，弄清高等机能的大脑内部机能。这项研究成果将为提高人体界面、人工智能，确立生物计算机的构成方式提供根据。这不仅对研制新机理的信息处理机和真正的人工智能机器具有重要价值，而且将与在今后日益复杂化的社会中恢复人性的问题密切相关。

（2）学习、记忆和认识机能。人对模式的识别，不仅靠视觉，而且也靠听觉、触觉、味觉和嗅觉。人不仅具有识别各种不同模式的机能，还具有学习和记忆的机能。研究采用神经科学和认识心理学，弄清人这种卓越的学习、记忆和认识模式的机能，研究出它的模型，以运用于思考、推理的信息转换过程。

（3）控制机能。生物体是极精致、极优秀的控制系统，生物体把各基因的控制系统分层次地组合起来，实现极其复杂而巧妙的控制。生物体能根据状况和环境的变化，经常进行自我修整、预测趋势，并能顺应和适应趋势。研究和掌握有关生物体控制机能的知识，对于越来越复杂、越来越庞大的现代各种系统的控制，具有十分重要的现实意义。研究的重点是生物体的神经系统和内分泌系统。

（4）感觉和知觉机能。运用生理、心理、信息科学等方法，弄清五感机能，使这些研究成果应用于高机能传感器及信息处理系统，进而构建向人传达适当信息的环境。

（5）语言机能。弄清语言机能，研究人是怎样把构成语言的每个单词联系起来加以理解的，又是怎样把这些综合起来理解文章的。从而研究出学习语言模型，进而研制语言理解系统及文章归纳系统。

（6）形成神经网络的机能。这是研究关于脑如何发挥形成机能，研究神经网络形成和细胞内信息转换，从而研制人工神经网络，以期在工程学上加以应用。

"HFSP"计划是从生物体的微观环境中深入研究各种生物技术，它附有一套示意图，详细记述了各项研究计划的方法、内容和相互关系。该计划已从 1990 年起正式进入实施阶段。

五、实施振兴科学技术政策大纲取得的重大成就

振兴科学技术政策大纲的实施，使日本是在高技术领域取得了许多重大成就。

1. 工业生产自动化领域

将计算机、通信技术与机械技术结合在一起组成的高度自动化生产系统（它既可从事大规模、大批量的生产，又可从事小规模、小批量、多样化的生产），以及柔性生产系统（FMS），在日本均达到很高水平。在第五代计算机的研制不断取得进展的支持下，工业机器人等人工智能机器已具有视觉和触觉，有的还能听懂简单的语言。日本于

1992 年开始着手研制第六代计算机，也称为"右脑计算机"。第六代计算机的主体是神经网络计算机，线路结构模拟人脑的神经元联系，用光材料和生物材料制造模糊化和并行化处理器，通过"超并行、超分散信息处理"，把"神经计算机"能处理不完整信息的"灵活的综合处理技术"和可超高速处理大量信息的"光计算技术"等组合在一起，进行类似于人脑的复杂思维，从而成为名副其实的"电脑"。日本的日立公司已研制成功"神经计算机"；三菱公司研制出用生物材料组合、可用作光开关的生物芯片，以及目前集成度最高、速度最快的神经元芯片。

2. 通信领域

光纤通信是一个十分重要的领域。日本电信电话（NTT）公司在世界首次开发出光弧粒子控制技术，并成功地进行了以每秒万兆位传送百万千米的通信试验。这一新技术打破了通信领域中的"距离壁垒"，为利用国际海底光缆进行高速、大容量、远距离通信开辟了广阔的前景。日本电信电话公司还采用 1.5 微米波段的光元件，成功地开发了世界最大的海底光缆传输系统，传输容量相当于 24092 条电话线路的信息量。

综合业务数字网络（ISDN）是现代通信的发展方向，也是当前国际竞争的一个热点。日本 ISDN 已进入普及阶段，1991 年总线路达 10 万条。通信与计算机的结合正在深刻地影响着世界经济贸易的竞争格局，其突出的标志是电子数据交换技术（EDI）的开发与应用。目前日本已推出多个商业电子联通网络并开始试行。

3. 新材料领域

日本政府十分重视新材料的研究与开发，在精细陶瓷、光纤材料、电子材料等方面已处于领先地位，而超导材料更是走在了世界的前列。对于高温结构陶瓷材料，日本把它看作是继微电子之后，又一个能给企业带来巨大经济效益的新领域，它是 20 世纪 90 年代日本的"明星"工业，因此，日本不惜代价同美国进行竞争。1990 年，日本从事新型陶瓷材料研究开发的公司达 500～600 家，仅在汽车领域的陶瓷专家就有 2000 多人，开发新产品的能力和速度均已超过美国。日本 290 马力的陶瓷发电机已规模生产，并装备了数十万辆小汽车。此外，日本在生产多种最优质的新型陶瓷粉料方面已取得优势地位，并出口到美国、德国和英国等国。

电子材料是信息技术的基础，它主要是集成电路所用的硅半导材料和砷化镓材料。日本是世界上最大的砷化镓供应国，占据了世界市场三分之二的份额，并供应几乎所有用于制造砷化镓芯片的加工好的晶片。日本富士通公司投资 2.3 亿美元，大规模生产计算机、通信和消费类电子产品的砷化镓器件和芯片的工厂已于 1991 年投产。

在超导材料方面，日本在世界上首次实现了用铋系超导体制成约瑟夫逊结，并开发出能存储 4000 位信息的约瑟夫逊芯片。这种边长 6 毫米的正方形芯片上含有 2.5 万个约瑟夫逊结，其工作速度比半导体电路快 20～25 倍，而功耗只有其 1％，它将成为下一代计算机的基本电路。此外，日本三菱公司还研制出一种超导晶体管，它的发射极是用超导材料制成的。据称，将这种晶体管用于超高速电路和扫描电子显微镜，可延长这些电子器件和仪器的寿命。日本超导传感器研究所与电子技术综合研究所还联合开发出超导传感器。使用这种超导传感器，可检测出地球磁场强度为亿分之一到一百亿分之一的极微弱磁场；而用于医疗仪器，可观测到人脑和心脏的动态图像，这将为脑部和心脏疾病的诊治提供有力的手段。另外，日本还在世界上首次建造并试航成功具有超导磁推进装置的"大和"1 号实验船，时速为 8 节。

4. 生命科学和生物技术领域

日本在揭示生命现象的机理研究上已取得很大进展，并获得重要成果，为实施"HFSP"计划提供了可靠的科学基础。在生物技术研究方面，日本在世界上首次开发出人体 DNA 全自动解读系统，解读速度比传统人工方法快 10 倍以上，这对加速人类染色体研究具有重大推动作用。日本还首次成功地用液体培养手段将水稻细胞组织培育成水稻秧苗，为在 21 世纪内实现水稻生产工厂化铺平了道路。

日本利用生物技术开发出多种新型药品，如利用遗传基因重组技术研制出一种被称为"红细胞生成素"的药物"EPO"；将上皮细胞生长

日本科学家成功地用液体手段培育出水稻秧苗，为 21 世纪水稻生产工厂化铺平了道路

因子 EGF 用作创伤治疗药，并正在研究将这种药物用作抗癌剂，以及治疗老年性痴呆症；采用酶生产出促进脑细胞增殖的神经生长因子"活性型人体 BNGF"；同时还在进行用于治疗人体疾患的肝细胞生长因子、肾细胞生长因子、胰细胞生长因子等的研究。

此外，生物技术在农业、食品、化工、造纸等领域也得到广泛应用。据估计，到 20 世纪 90 年代，日本生物技术产品的销售额可达 1500 亿日元，无论研究开发能力还是生产应用水平，都对美国和欧洲构成了巨大的威胁。

5. 新能源领域

日本阪铁公司的非晶硅太阳能电池的光电转换率已达 12.9%，为最高理论值 24% 的一半以上，这说明日本太阳能发电的高技术产品已达世界一流水平。而利用地热和海浪发电也已进入实用化阶段。日本核电开发起步虽晚，但发展很快，核电装机容量已达 30 吉瓦，居世界第四位，核电占全国发电总量的 25% 以上。此外，核聚变临界等离子体实验装置已建成，并已开始运转。

日本在高技术领域所取得的丰硕成果，当然远不止上述种种。美联社 1990 年 7 月 8 日报道：获得美国专利最多的前四家公司都是日本公司，且世界将近一半的专利是日本公司提出申请的；又说，在 20 项极其重要的防务技术中，日本有 5 项领先，即半导体、生物技术、机器人技术、超导体和光电子技术。

六、振兴科学技术政策大纲的影响

日本在高技术领域的飞速发展，确实带来了不可低估的深远影响。主要表现在如下方面。

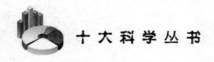

1. 国际方面

托夫勒在《大计划》一书中对此作了深刻而精辟的描述，他写道："不管美苏如何继续扩充军备，只要日本说一声停止出售关键部件，他们就会陷入一筹莫展的境地"，"假若日本把半导体卖给苏联而不卖给美国，美苏军事力量对比就会一下子失去平衡，导致形势大变"。技术优势使日本在外交上可以大打"高技术牌"，这不仅表现在出售计算机芯片上，其他许多领域亦如此。如没有日本先进的复合陶瓷和碳纤维技术，美国就无法制造最先进的战斗机。因此，日本政界"鹰派"代表人物、执政党众议院议员石原慎太郎提出要停止日美两国共同研制 FSX 喷气战斗机的项目，以防止美国借机偷窃日本的技术。美国《华尔街日报》说，石原的观点在日本激起了大合唱，它迎合了日本人日益强烈的民族自豪感和自信心以及对外国的不满情绪。

2. 经济方面

1980 年，日本还是一个贸易逆差为 107 亿美元的国际收支赤字国，但到 20 世纪 80 年代末，日本成为了世界头号国际收支顺差国、世界最大债权国和世界最大外汇储备国，以及仅次于美英的世界第三大对外直接投资国。日本经济腾飞的原因是多方面的，首要原因是得益于科学技术的进步。据日本经济计划厅统计，在日本的经济增长中，科技进步因素已占 60％以上，高技术产业约占国民生产总值的 10％。1988 年，美国《外交政策》杂志发表的题为《力争出类拔萃的日本人》署名文章说："日本占世界国民生产总值的份额在 1960 年时为 3％，而 1980 年是10％，到 1993 年应为 13％。日本人成功的原因，不是什么特殊的经营魔术，而是……日本的科学技术迫使其领导层考虑如何使本国的人力资源和技术资源'纵向'一体化。日本放手研究获得技术的全部领域，积极培训科学家和工程师，谋求建成以获得技术知识为宗旨的联营，购买和转让技术，以及进行可逆工程的研究，力求把日本建成一个独立的技术中心。日本的高技术研究与开发投资金额在80年代已增加两倍，以支持各高技术领域的优先开发；到2000年时，科技研究人员将达250万人之多，为目前人数的五倍。"

3. 外贸方面

日本高技术的发展，使美日之间的贸易摩擦日益加剧。美国的一次民意测验显示,64％的美国人认为，现在美对外政策的最大挑战是来自日本的经济威胁。到1989年底，打入美国市场的日本企业已达1100家，职工人数达20万人。日本索尼公司购买了美国哥伦比亚电影公司，三菱公司则购买了洛克菲勒中心51％的股份，日资银行已控制了美国加利福利亚银行四分之一的存款。到1988年，日本在国外的投资总额已达3500亿美元，而在美国的投资占46.2％，仅1988年度就达75亿美元。这些均引起了美国政界、金融界、企业界的极度震惊，促使美国更加重视对日关系。

日本除在西欧、美国和亚洲等国投资建厂，还乘虚而入东欧、北非等地，利用这些地区的政治、经济危机，迅速抢占市场。例如,1985年以来，日本乘尼日利亚政局不稳、经济处于低谷之机，利用其高技术优势大量投资于尼日利亚的石油企业，仅埃勒米石化企业一项，就投资10亿美元。在投资尼日利亚石化业的五个外国公司中，日本就占了三个，且资金筹集和高精技术部分全由日本公司承担。

4. 军事方面

日本在军事科技领域里精心钻营，在航空、舰艇、陆战等兵器方面加紧开发研究，重点发展小型作战飞机、制导武器、火器和弹药、鱼雷和声纳、C^3I等电子系统。日本防卫厅还改组其科研部，调整机构，加强重点部门，从幅度看，强调"技术先导型"开发。近几年来，国防经费的增长已突破日本宪法规定的不得超过国民生产总值1％的限

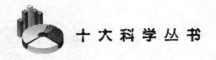

　　日本利用高科技发展军事力量，军费突破原宪法规定不得超出国民生产总值1%的限额

　　额，达到 1.01％以上。尤其值得注意的是,1990 年 12 月国会通过的日本《中期防卫力量整备计划》规定,1991～1995 年度国防经费定为 22.75 万亿日元（约合 1533 亿美元），年均增长率为 3％，比上一年度多 4.35 万亿日元，即增长 18.4％。从国防经费的绝对值看，日本已排

在美国和苏联之后，居世界第三位。由此可见日本对国防发展的重视程度非同一般。这一动向，已引起世界各国特别是亚洲各国的密切关注。

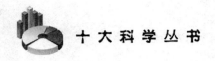

"尤里卡"计划

　　美国"星球大战"计划与西欧的安全直接相关,因而在西欧国家中引起强烈反响。法国总统密特朗经过与联邦德国总理秘密磋商后,于 1985 年 4 月 17 日在法国内阁会议上提出了建立"工艺技术欧洲"的主张。同年 7 月 17 日,欧洲 16 个国家(法国、英国、联邦德国、比利时、丹麦、荷兰、希腊、爱尔兰、意大利、卢森堡、西班牙、葡萄牙、挪威、瑞典、芬兰和奥地利)的首脑及欧洲共同体委员会成员国的外交部长和科技部长在法国巴黎召开会议。会议初步制定了欧洲跨国高新技术联合研究与开发大型计划的轮廓,并一致同意宣布成立"欧洲研究协调机构"。由于欧洲研究协调机构的英文缩写"EURECA"的读音为"尤里卡",与古希腊语"Eureka"(意思为"找到了")的读音极为相近,因此,密特朗就把欧洲跨国高新技术联合研究与开发大型计划命名为"尤里卡"计划。密特朗借用"尤里卡"一词的用意之深一目了然,它表明西欧各国希望通过这个妙语双关的"尤里卡"计划,来把握欧洲乃至世界经济、技术发展的未来。

一、"尤里卡"计划的历史背景

"尤里卡"计划的产生并非偶然，概括地说它是美国高新技术压力下的产物，是在深刻的政治、经济和技术背景下产生的。

第二次世界大战之前，西欧在许多科技领域居于世界领先地位。直到 20 世纪 70 年代初，作为第一次工业革命发源地的西欧，仍是美国在高新技术领域，诸如高能物理学、航天技术、核聚变等尖端技术领域里强有力的竞争对手。但是，70 年代以后，由于科技界与企业界的联系不密切，研究与开发（R&D）投资不足，制约了科技人才对高新技术的研究开发，加之又没有一个统一的联合开发技术共同体，致使从总体上看欧洲科技实力比较雄厚，而在新兴的高技术领域却榜上无名。

当时的法国总统密特朗出于政治家的敏感，认真分析了欧洲与美国高新技术之间存在的差距，发现欧共体在以下 10 个方面落后于美国：高新技术产品出口额的增长；开发高新技术密集型产品出口额的比例；高新技术密集型产品的贸易平衡；高新技术在制造业中的应用，如通信、数据处理、半导体、智能机器人等；企业对高新技术风险投资的增长率；工业研究投资占国内产值的百分比；工业单位劳动费用的增长率；风险投资的收益率；科学家和工程师占职工总数的比例；高校毕业生占总人口的比例。

正是上述这些差距的存在，导致欧洲创新能力差，经济增长缓慢，失业率居高不下，使欧洲面临经济、技术的危机，出现了"太平洋时代开始"和"欧洲衰落"态势，困扰着西欧各国领导人。密特朗认为，为了使欧洲不致落后太多，一个统一的欧洲是激发国家创新力的重要支柱，"欧洲必须团结在一项伟大工程的周围"，才能拯救欧洲。1983 年秋，法国提出了关于"工业欧洲"的备忘录，随后经过进一步磋商，欧洲决定联合起来从事技术开发，以扭转逆境。

与此同时，密特朗还分析了参与美国"SDI"计划的利弊。他认为参与的好处是：可以分享美国的技术成果，这的确是诱人的前景；但弊端则甚多：一是和美国合作，欧洲的人才、技术和资金将源源不断地流向美国，而欧洲将成为美国的"加工厂"，到头来吃亏的是欧洲；二是加入美国"SDI"计划，在战略上将长期受制于美国，丧失自己的独立地位；三是"SDI"计划是军用高技术发展计划，这个计划的实施必将导致美苏军备竞赛升级，任何一方若取得军事优势，战争因素都会增加。由于美苏都有反导弹系统，西欧现有的核武器将完全丧失其威慑作用，从而将使欧洲陷入被动挨打的困境，成为超级大国争霸的牺牲品，其结果必将给欧洲安全带来战争威胁。因此，参与美国的"SDI"计划，不论从经济与政治方面，还是从技术与安全方面来看都是不利的，只有联合起来共同开展科技研究，走欧洲自己的路，才是上策。

1985 年 7 月 28 日，即第一次"尤里卡"会议 10 天后，法国总统府发表了题为《尤里卡：技术挑战》的通报，声称："在美国和日本在某些尖端领域（掌握这些尖端领域里的技术对未来至关重要）遥遥领先的今天，欧洲国家面临着下述抉择：要么共同准备迎接正在出现的工业革命，要么各行其是，听天由命，导致衰落……'尤里卡'计划旨在为欧洲提供迎接这一技术挑战的手段。"这进一步阐明了"尤里卡"计划是西欧各国领导人审时度势的重大决策，是扭转西欧在战略上依赖美国、在国际政治舞台上地位日益低落的局面，使欧洲在经济上振兴、在政治上独立，而联合起来共同制定和实施的一项高科技发展计划。这是振兴欧洲的优化选择。正如密特朗所说，这项宏伟计划的实施，将使欧洲"能够掌握所有的高技术"，从而使之"成为进入 21 世纪的一个洲"。这充分说明，"尤里卡"计划的实施，不仅可使欧洲在尖端科技领域赶上美国和日本，增强欧洲在世界市场上的竞争力，而且还能确保和巩固欧洲在世界政治格局中相对独立的地位。总之，"尤里卡"计划既直接关系到欧洲经济和技术的前途与命运，又将对世界经济和政治产生巨大的影响。

因此，"尤里卡"计划一经出台，西欧大多数国家反响强烈，不久，土耳其也要求参加。1985 年 11 月 5 日～6 日，在联邦德国的汉诺威召开了有 18 国部长参加的第二次"尤里卡"会议，会议通过了《"尤里卡"计划"宪章"》，即"第二次部长会议关于'尤里卡'计划的基本原则声明"——西欧高新技术合作发展计划，以此作为实施工作的基础；同时还审定了 10 个具体合作项目。1986 年 6 月 30 日，在英国召开了第三次"尤里卡"会议，会议审定了 16 个合作项目。

"尤里卡"计划提出后，仅用了不到一年的时间就建立起一个多国参与的高新技术合作的宏伟发展计划，这在西欧跨国合作史上是空前的，充分说明"尤里卡"计划符合欧洲各国的利益与愿望。

二、"尤里卡"计划的目的、宗旨及五大技术领域

"尤里卡"计划的目的，是促使西欧各国"在高技术民用研究项目方面的合作，以便增强欧洲工业在世界市场上的竞争力，为持久地巩固经济繁荣与富裕奠定基础"，是一项没有任何军事目的的民用计划。

"尤里卡"计划的宗旨，是通过建立一个跨国的技术合作发展协调计划，把分散在各国的技术、人才和资金组织起来，集中攻关，为各国公私企业提供民用技术，以推动欧洲的经济复兴，从而与美日争夺高技术国际市场。

在召开第二次"尤里卡"会议之前，法国政府为使"尤里卡"计划

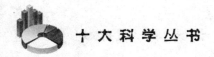

"尤里卡"计划（EURECA）将各国技术、人才、资源组织起来，主要集中发展计算机、机器人、通信网、生物技术、材料五方面的技术

的主要内容进一步具体化，委托先进技术与系统研究中心拟订了一份工作文件。这份文件明确提出了五个重要技术领域方案：欧洲计算机计划、欧洲机器人计划、欧洲通信网计划、欧洲生物技术计划和欧洲材料计划，以此作为欧洲高技术发展的战略目标，面向未来，力争夺取世界高技术的制高点。

1. 欧洲计算机计划

包括研制浮点运算速度为 300 亿次的超大型向量计算机；研制可用于进行数字分析及信号与图像处理的浮点运算速度为 20 亿次的同步多路处理机；研制多种语言信息转换系统，计算机辅助翻译系统；研制高级多用途亚微米级（每个芯片集成 100 万个晶体管）的欧洲信息微处理机等 13 项内容。

2. 欧洲机器人计划

包括研制可自主行动、决策，并易于人机对话的欧洲第三代安全民用机器人，以便代替人去执行危险、恶劣环境下的工作，农业机器人能完全自主地行动，自主地作出决策，并可以在特定环境下进行种植和收获工作，能进行人机对话；广泛合作研制计算机辅助设计、制造、生产、管理的柔性系统，以实现工厂全面自动化；研制大功率、高效率、高穿透力和高瞄准度的包括二氧化碳、一氧化碳、紫外线和自由电子型的高功率激光器等四项内容。

3. 欧洲通信网计划

包括研制用于公共数据自动交换的容量为 10 万门、输出速度可达 $34\sim140$ 兆位/秒的欧洲大型数字式交换机系统；研制宽频多路交换机、电视会议设备的宽频数据处理系统和办公室自动化系统；研制远距离光纤数字传输系统和定点通信卫星的宽频光纤传输系统等四项内容。

4. 欧洲生物技术计划

包括研制采用单克隆抗体方法生产和繁殖作物的人造种子，并用人工保护方法培育出抗病、抗毒、高质和高产的超越有性繁殖的杂交品种；研制人体植入器件生物反应器的生物自动监控和调节系统等两项内容。

5. 欧洲材料计划

这项计划的主要任务是研制出效率可达 45% 以上的，并采用新型陶瓷结构材料的高级工业涡轮机。

法国提出的上述五个技术领域方案中，计算机计划和通信网计划的项目占总项目的 17 项，由于这些项目内容具体、务实性强，且要求周期短、见效快，因此不仅在不久的将来市场前景广阔，而且鲜明地体现了"尤里卡"计划面向民用、面向市场、面向重大技术问题的"三面向"原则。耐人寻味的是，法国的方案要求在每个领域之前都冠以"欧洲"字样，以表明是具有欧洲特色的高技术发展项目。特别令人关注的是，其中某些项目转为军用并不困难，具有一箭双雕之效，例如化学激光器和自由电子激光器等，就具有重要的军用价值。

法国方案提出之后，英国和意大利又补充了三项计划：覆盖陆、空交通和邮电的欧洲交通计划，将激光、机器人和微电子技术集于一身的欧洲工厂计划，以及研制文娱、家庭用具自动化等高技术产品的欧洲家庭计划。

从"尤里卡"计划的目的、宗旨以及主要内容，不难看出欧洲各国携手合作振兴欧洲的决心，同时也指明了欧洲高技术战略发展的方向。

三、不断发展变化的"尤里卡"计划

"尤里卡"计划从合作项目数量到合作内容，从参与国家到厂商单位，都是由少到多、由浅及深，不断发展变化的。

"尤里卡"计划的成员国（或组织）已从最初的 17 个增加到 25 个，即德国、奥地利、比利时、丹麦、西班牙、芬兰、法国、希腊、匈牙利、爱尔兰、冰岛、意大利、卢森堡、挪威、荷兰、波兰、葡萄牙、捷克、英国、俄罗斯、斯洛文尼亚、瑞典、瑞士、土尔其以及欧洲联盟。截至 1995 年 12 月 15 日，参与"尤里卡"计划的企业和科研单位总数已达 3544 家，其中大型工业公司 1212 家，中小企业 1144 家，科研院所和大学 1029 家，其他研究机构 159 家。合作项目从第二次"尤里卡"会议提出的 24 项，增加到 1995 年的 720 项；完成的项目总数从 1991 年的 24 项增至 1995 年的 289 项。截至 1995 年 12 月 15 日，"尤里卡"计划的项目经费总额已达 145.49 亿欧洲货币单位。

合作攻关项目的内容，更是越来越广泛、深入、具体和细致，从高速计算机到教育和家用标准微型机，从大功率激光系统到供服装剪裁用激光设备，从自动化电子卡工厂管理系统到处理工厂重大事故和安全控制问题的专家系统，从汽车发动机的陶瓷材料和新合金零件到车辆噪音辨别器，以及医疗诊断自动化设备等，几乎覆盖了工业生产和日常生活的各个领域。

各次"尤里卡"会议通过的合作攻关项目，则越来越深入到高新技术的前沿领域。这些项目包括高效安全的交通系统、欧洲软件工厂、亚0.1 微米离子束、2000 年的高级手术室、消除有毒废物的激光器、程控通用模块化彩色显示系统、欧洲海洋工程、欧洲航天信息交换高级工程、第三代快速行动机器人、自动拆除炸弹机器人、2000 年汽车材料和自动导向系统、信息技术和通信、柔性制造系统等。

这些攻关项目是大范围内的高新技术合作项目，注重应用于三方面：环境治理、促进欧洲网络建立和欧共体在各高新技术领域的发展。由于这些项目中的绝大多数都具有世界市场潜力及产品处理和工业服务能力，使一些中小型企业可有一席之地，因此深受各参与国的欢迎和支持。

随着形势的发展，"尤里卡"计划在不断总结经验的基础上，对项目的管理也越来越严格细致。规定每个合作项目都必须将基本性能、要求、经费、研制周期、具体参与者和感兴趣者等一一列出，从而使"尤里卡"计划能有条不紊地实施。而在参与计划的过程中各成员国为了各国的利益，一致要求促进欧洲内部团结，建立起一个生气勃勃和意见集中的欧洲经济空间，以增强对外竞争力。这也许是"尤里卡"计划的意外收获吧。

"尤里卡"计划实施后，欧洲各国高新技术迅速发展，已引起世界各国的重视。1989 年 10 月 5 日日本《日经产业新闻报》发表题为《面

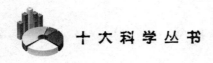
向 21 世纪蓬勃展开的技术创造》一文指出，"不久，欧共体将成为'欧洲技术共同体'"，并预言欧洲将大大增强与美日在高新技术领域里的竞争力。

四、"尤里卡"计划的特点

"尤里卡"计划的主要特点有如下。

(1) 严密的组织保证。

在第二次"尤里卡"会议上通过的《"尤里卡"计划宪章》中，就明确规定："尤里卡"计划的协调机构是部长会议；协调机构由计划的参与国政府成员和欧共体成员组成；部长会议负责"尤里卡"计划的内容、组织的进一步发展和成本评估；在计划参与国的高级代表举行小组会议时，应向部长会议报告计划执行情况，并提出相应措施；小组会议通常包括五方面内容：一是应在本国促进信息交流，二是加强参与国的企业与科研机构之间的接触，三是向其他国家的高级代表通报本国希望合作的领域及项目，四是向会议介绍本国对计划执行的准备情况，五是与其他国家的高级代表共同研讨某些问题的解决办法，并明确计划的执行和合作方式。所有这些规定，正是"尤里卡"计划顺利实施的重要组织保证。

(2) 自下而上、自愿结合、共同投资、共享成果。

这种灵活的立项原则给予参加"尤里卡"计划的企业和科研机构充分的自主权；最大限度地减少官僚主义和各种繁琐手续；确保参与者选择项目、实施项目的自主权，维护每个项目的专利和商业利益。

(3) "尤里卡"计划规定了严格标准，凡符合其标准的项目，皆可被接纳为"尤里卡"项目。

标准为：一是每个项目必须至少有两个"尤里卡"计划成员国的两个独立的合作伙伴共同申请；二是申请的项目必须具有明显的技术创新性和商业化性质；三是项目的最终目标必须是获得一个新产品、一种新工艺或一种商业化的新服务；四是申请的项目必须具有民用性质。

（4）"尤里卡"计划的参与者均有资格在"尤里卡"标签下销售自己的成果。

"尤里卡"标签已在许多国家被作为"高质量"的标志得到认可，这大大地提高了"尤里卡"计划参与者的市场信誉和竞争力。

（5）管理机构简练高效。

（6）拥有现代化的"尤里卡"数据库。

该数据库是"尤里卡"计划秘书处掌握所有项目和合作伙伴全部情况的最有效的信息工具。

（7）"尤里卡"计划的每个项目，必须是那些具有重大意义的技术创新项目，是具有良好商业发展前景的项目。

（8）欢迎和鼓励非"尤里卡"计划成员国的企业和科研单位参与"尤里卡"计划。

这种灵活的开放政策具有极大的吸引力，它不仅促进了国际合作，而且逐步把欧洲"尤里卡"计划推向世界。

五、"军事尤里卡"——"欧几里德"计划

"尤里卡"计划虽然是以研究和开发民用高新技术为主旨，但其中隐含着使欧洲建立起"独立于'战略防御计划'的太空防务"的意图。这主要是因为面对军事强国的威胁，各国都必须加强军事实力以保卫自身的安全，否则，国家的安全便得不到保障。

其实，"北约"欧洲国家为促进军备计划的制定与合作，早在 1976 年就成立了有 12 个国家参加的"独立欧洲规划集团"（IEPG）。其主要目的是为了能有效地利用欧洲资源，促进和提高武器装备的标准化和通用化，保持欧洲联合防务所需的工业和技术水平。但起初这个组织并不活跃，也没有什么重大活动。美国提出"星球大战"计划之后，"独立欧洲规划集团"成员国在 1984 年 11 月和 1985 年 6 月召开的两次国防部长会议上，才先后确定了 30 多项军事合作研究与发展项目。

1987 年，"独立欧洲规划集团"发表了一份题为《建设更强大的欧洲》的研究报告，并拟订了三项"行动计划"：一要建立开放型欧洲防务市场；二要进一步开展欧洲国防研究和发展工作；三要促进各国国防工业发展。1989 年 6 月 28 日，在葡萄牙里斯本召开的"北约"欧洲国家国防部长会议上，讨论了加强开展军用高技术跨国合作的研究与发展问题，并批准了由法国领导的第二小组委员会（负责研究与开发技术）提出的"欧洲长期防务合作倡议"（EUCLIDU），俗称"欧几里德"计划，法国人称之为"军事尤里卡"。1990 年 11 月 6 日，"北约"欧洲国家在丹麦哥本哈根正式签订协议，并决定先投资 8 亿法郎实施"欧几里德"计划，其中法国答应为该预算提供三分之一的资金，并将参与大多数项目的研究。

"欧几里德"计划是一项军用高技术长期研究与开发的防卫技术计划，其主要项目由参加国的总参谋部确定，但不直接研制具体产品，而是为以后开发产品打下技术基础，内容涉及电子元件、雷达、红外摄像机和卫星监视等基础技术领域。其中优先发展的领域有 11 个。

（1）由德国牵头的现代雷达技术。重点是雷达新功能的探索、新材料和新零部件、合成孔径天线、可编程信号处理机等。

（2）由法国牵头的微电子技术。重点是组装技术、单元库、专用集成电路等。

"军事尤里卡"计划（EUCLID）旨在加强欧洲军事防务的长期发展

（3）由荷兰牵头的结构材料复合。重点是作战条件下使用的材料部件、防损措施、维修材料、耐高温材料、电磁窗口材料等。

（4）由德国牵头的模块式机载电子设备。重点是核心部件、模件的一般特征、方案和系统研究等。

（5）由英国牵头的电磁炮。重点是轨道炮、线圈炮、电热炮、储能和电流转换等。

（6）由法国牵头的人工智能。重点是智能座舱、快速决策辅助工具、模拟的人工智能等。

（7）由西班牙牵头的目标性控制。重点是雷达目标、光学和红外目标、声学目标等。

（8）由意大利牵头的光电子设备。重点是夜视、激光、光纤通信、

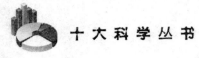

光纤探测器等。

（9）由挪威和法国牵头的卫星监视技术。重点是加固传感器、实时数据处理等。

（10）由英国和荷兰牵头的水声技术。重点是远距有源声纳、近距有源声纳、无源声纳等。

（11）由荷兰牵头的模拟技术，研究的重点待定。

"独立欧洲规划集团"之所以提出"欧几里德"计划，主要原因有三点：一是为了同苏联争夺军事技术优势。欧洲国家与苏联在军备竞赛中历来采取以技术优势来抵消对方数量优势的方针。面对苏联军事技术优势的挑战，只有通过加强防备技术合作，建立"欧洲支柱"，才能对抗苏联的军事威胁；二是为了同美国竞争欧洲军备市场。美国虽与欧洲盟国进行广泛的军事合作，但在技术转让和产品出口方面却存在很大矛盾。美国利用"巴统组织"对西方国家向"华约"国家出口军用关键技术加以限制，从而实现对西方盟国的严加控制。欧洲国家早已看清问题的实质，决心利用"尤里卡"计划取得的成果，独立自主地开展欧洲军事技术合作，以争夺欧洲军备市场，打破美国独霸的格局；三是为了充分利用有限的国防资源。欧洲各国的国防科研经费普遍不足，而且使用分散、重复的现象严重。1989 年"北约"国家的国防科研总投资为500 亿美元，而美国独占其中的 400 亿，欧洲国家仅占其中的 20%，加之项目分散、重复，因而在竞争中处于非常不利的地位。据欧洲国家自己估算，由于工作重复、缺乏公开竞争和生产规模小，导致欧洲武器生产系统的成本大约提高了 42%～59%，因此，合作项目应由欧洲的军事实验室统筹研究开发，从而加强"北约"欧洲国家之间的军用高技术合作。这必将有助于充分利用各国的国防资源，促进军用高技术的更快发展。

为了能有效实施，"欧几里德"计划还制定了六项基本原则：（1）

每一个优先合作研究领域，均由一个国家牵头实施，参与国实行费用分担，成果共享；（2）各项研究计划的牵头国由参与国协商选出，并由各参与国的代表组成计划管理委员会，负责技术、费用和计划实施细则的管理；（3）根据计划实施细则，各项计划均由参与国协商，牵头国负责招标并介绍投标情况，然后交参与国的专家审查，由计划管理委员会择优选标，最后报"独立欧洲规划集团"的第二小组委员会审批后实施；（4）每项研究计划，都交给各参与国的工业和研究机构组成的跨国技术联合体承包商来完成；（5）为确保优先发展领域的目标计划落实，由各计划管理委员会主席和参与国的代表组成协调委员会，负责协调各项计划之间的有关事务；（6）参与国应将其拨给参与实施计划的工业和研究机构的预算资金供牵头国使用。

六、"尤里卡"计划的成就与影响

1995 年，"尤里卡"计划秘书处对项目执行情况的总体评估是取得部分或全部成功的项目占项目总数的 60％；中途停止或转到"尤里卡"计划以外执行的项目占 24％；完全失败的项目占 16％。

从参与"尤里卡"计划的企业效益来看，其成就也十分令人鼓舞：75％的参与企业都开发出一个新产品或一种新工艺；30％的企业都找到了一个较广阔的新产品销售市场；25％的企业注册了新的专利；11％的企业登记了产品新标准。

从这些数据可以清楚地看出，"尤里卡"计划实施 10 年来成果显著，它已成为欧洲企业高新技术开发与创新的强有力工具，并显示出越来越强的活力。"尤里卡"这句古希腊语已经放射出新时代的光辉。1996 年 6 月，在比利时布鲁塞尔召开的"尤里卡"计划实施 10 周年庆祝大会上，"尤里卡"计划成员国的代表们一致认为：欧洲不仅需要"尤里卡"计划，而且还必须尽一切努力，不断改进和完善其管理体制，促进其深入发展，为欧洲企业成功地跨入 21 世纪奠定基础。

"尤里卡"计划的成功率达到 60％

目前，随着东、西欧政治关系的改善，"尤里卡"计划的影响在东、西欧地区不断扩大，正在朝着大欧洲高新技术联合研究与开发的方向发展。"尤里卡"计划的顺利推进，不仅对欧洲，而且对整个世界也将产生愈来愈大的影响。它将进一步促进全球的科技进步，加速世界经济的发展；进一步密切世界各国科技界、企业界的交流与合作，推动世界经济一体化的进程。

"东方尤里卡"计划

1985年12月18日，在莫斯科召开的有保加利亚、匈牙利、越南、民主德国、古巴、蒙古、波兰、罗马尼亚、苏联和捷克斯洛伐克等10国政府首脑参加的经互会第41次特别会议上，通过了由苏联拟定的《经互会到2000年科技发展综合纲要》，这就是通常所说的"东方尤里卡"计划。其中心内容是加快经互会成员国的科技进步，推动科技成果迅速转化为生产力。其目标是要使经互会成员国在整体经济集约化和科技进步方面达到最高水平，以迎接21世纪的高科技时代。这是一项使苏联和东欧国家在20世纪最后15年实现经济技术现代化，从而缩小东西方之间"技术差距"的雄心勃勃的计划。由于当时正处于西欧"尤里卡"计划刚刚诞生之际，故被世人称之为"东方尤里卡"计划。

一、《综合纲要》的历史背景

20世纪80年代，出现了美、欧、日、苏联这样的多中心的政治与经济格局，政治、经济舞台上的竞争日益向科学技术竞争方向转移，科学技术已成为东西方国家综合国力对比的决定性因素。在高科技领域，苏联并非完全落后于西方国家，例如在航天领域，苏联领先于西方为世

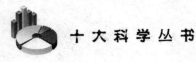

界所公认；又如，截至 1986 年 1 月 1 日，在苏联登记注册的美国专利有 1563 项，而在美国登记注册的苏联专利有 5532 项，另外苏联还有大约 2 万项专利受到世界 50 个国家的保护；1986 年冬季，美国还同苏联进行了关于购买苏联卫星图片的谈判。

但是，苏联的高技术发展是不平衡的，特别是作为高技术领域前导和核心的微电子技术及计算机技术远远落后于西方国家。当时，苏联不能大批量生产个人计算机，超级计算机也远落后于美国和日本；它的半导体工业产量仅占世界芯片产量的 3％；美国已把电子元件的尺寸缩小到 1 微米，而苏联最好的电子元件的尺寸是 1.8 微米；苏联还没有 32 位的个人计算机，而这类计算机在西方已相当普遍；苏联最好的存储器的容量只有 256K，而美、日已大批生产容量为 1 兆位的存储器。尤其是日本，在半导体和芯片方面遥遥领先，对苏联是极大的威胁。

20 世纪 80 年代，苏联在航天领域领先于西方，但在微电子、计算机技术等方面则远远落后于西方

为了改变现状，缩小与西方国家在高科技领域的差距，以苏联为首的经互会成员国已清醒地意识到必须采取有力措施才能解决问题，因而联合制定并通过了这份《经互会到2000年科技发展综合纲要》（以下简称《综合纲要》）。

二、《综合纲要》的原则和准则

这份为期15年的《综合纲要》内容广泛，目标明确，其特点是强调集中力量，协同攻关。《综合纲要》里提出了多种多样的任务，可谓无所不有，故有人把《综合纲要》中所包括的93个问题比喻成"冰山之巅"。这些问题又包含许多组成部分，这些组成部分再分成若干科研课题和任务，其总数达好几千个，比西方"尤里卡"计划要多10倍以上。这么浩繁复杂的任务如何组织协调就成为关键问题。为了能有效地完成任务，《综合纲要》制定了加强成员国之间协同合作的重要原则和应遵循的准则。

1. 要把《综合纲要》提出的任务纳入各成员国的发展计划

《综合纲要》不仅是具有指导性的文件，并且具有指令性。它明文规定："各成员国将在本国有关文件中明确对执行《综合纲要》所承担的义务，并将其列入本国的社会经济发展计划。"这样的规定是为了达到经互会各国协调攻关计划，避免同行业重复研制与生产，以实现经济技术一体化的目的。

《综合纲要》的提出，正值经互会成员国开始制定1986～1990年新五年计划的前夕，苏联已把《综合纲要》的任务写进了五年计划之中。从1987年开始，苏联又把这些任务具体分为各个专门部分，写进经济和社会发展年度计划。经互会各成员国也都把实施《综合纲要》所承担

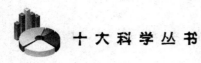

的任务分别列入各自的五年计划之中。当然，《综合纲要》也不是一成不变的，它随着世界科技的发展和实施中出现的问题而不断进行充实、修改和完善。在《综合纲要》的实施过程中，10个成员国也的确都针对出现的问题，及时作了相应的修订和补充。

2. 改进协调结构，组建"主体机构"

为了能有效地实施计划，《综合纲要》中明确提出要组建一个新的协调机构——"主体机构"，从而保证经互会各成员国之间的经济关系由单纯贸易关系迅速转为专业化与合作化关系，进一步加强经互会经贸技一体化的指挥。

这个"主体机构"是由《综合纲要》最初确定的93个科研课题分别组成的，每一个科研课题的"主体机构"既是计划制定者又是执行者，下设各个小专题协作组织。这样就把经互会各成员国的主要科研、设计、生产和销售机构都纳入其工作轨道，按专题制定科研、设计、生产、销售等全过程的合作计划；对产品质量、技术水平、生产周期及应用进行统一监控；并负责制定工作方式和财政拨款等事宜。这是改革经互会总部活动方式和加强经济技术协调的重大措施之一，苏联称之为"经互会互助史上前所未有的工具"，是实现《综合纲要》的"旗舰"。

3. 加强领导，加大投资，力争高速度

在通过《综合纲要》后不久召开的经互会执委会第118次会议上决定，《综合纲要》必须以高速度加以实现，并强调在1986～1988年的三年内，要把列入《综合纲要》的93项重大科研课题的一半以上研究成果推广应用到生产上。

为此，首先必须特别抓紧各项工作的领导。在对各成员国研制使用的自动化设计系统、光导传递信息统一系统和建立"国际机器人科技—生产联合公司"等三项科研课题签定了协同攻关协议书之后，又成立了120多个全权委员会、65个科技合作协调中心、3个国际研究所和10

多个科学工作者国际组织集体，以加强各国之间的科技生产合作。1986年3月，苏联成立了电子计算机部，以确保其大型电子计算机的产量到1990年时能翻一番，此外，还成立了控制论、数据处理和微电子等三个研究所。

其次，在加大科研投资方面，各成员国都结合本国科研和生产任务，积极增加投入。捷克斯洛伐克在其五年计划中决定投资1050亿克朗（约占国民收入总值的3.9%）用于发展科学技术，并重点投向国民经济电子化、专用车间的自动化方面；波兰共拨款1000万亿兹罗提（约合人民币220亿元）专项用于科研和技术开发；匈牙利则于1986年成立了"全国科研基金会"，计划在其"七五"期间（1986～1990年）拨款38～40亿福林，一半用于科研，一半用于购置仪器设备和基础设施。

同时，强调要雷厉风行，大干快上。各成员国政府首脑会议决定，凡与《综合纲要》有关的工作都要优先安排，确保资源供应，一律简化专家出差手续，避免多余的协商和文件"旅行"，扫除官僚主义和拖拉作风，力争用较短的时间完成《综合纲要》中的各项科研项目。

三、《综合纲要》中五个优先领域的合作项目

《综合纲要》既体现了经互会各成员国的一致愿望，又确定了将各成员国的力量和资金集中到一些主要领域的共同途径。不仅如此，为了寻求进一步发展经济集约化，以实现全面科技进步，《综合纲要》还明确提出了五个优先发展的技术领域。

这五个优先发展的技术领域是国民经济电子化、综合自动化、原子能工业、新材料及其生产加工工艺和生物工程。这五个优先发展的技术

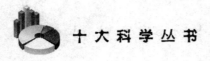

领域是经过仔细和认真分析经互会各成员国的实际需要及技术可行性后，精心加以选择的。西方专家分析说，《综合纲要》中提出的五个优先发展的技术领域，是从加速缩小苏联和东欧国家较西方工业发达国家落后的那些技术领域的角度确定的。经互会秘书瑟乔夫说："如果我们能在这些方面迅速前进，就能保证经济的全面发展。这五个科技领域的进步，实际上会使任何一个国家的经济领域发生决定性变化。"

1. 国民经济电子化

最先进的计算技术设备是从根本上提高劳动生产率，节省资源、材料和电能源，加速国民经济和科技发展的重要手段之一，是各成员国协同攻关的基本目标。其研制任务如下。

（1）应用人工智能原理研制运算速度达数百亿次的新一代超级电子计算机。

（2）研制应用面广、量大、带有先进软件程序的普及型个人计算机，使之广泛应用于各部门和家庭中。

（3）研制统一的标准化数字传输信息系统，以保证大幅度提高通信系统的通信能力和可靠性。

（4）研制经互会各成员国之间通用的高速光纤通信系统。

（5）研制新一代通信和广播电视卫星系统、高质量数字电视和立体声无线电广播及录音、录像设备。

（6）运用微电子科研成果研制各种先进的仪器设备、传感器、测控仪器设备等。

（7）研制规格统一的电子技术产品系列，尤其是研制高可靠、高耐用、高微型化的新一代超大规模和超高速集成电路。

通过对上述项目的研制，尽快提高国民收入的年均增长率和各行各业的劳动生产率；提高科研水平，降低费用，缩短周期；使原材料和能源消耗减少三分之一至二分之一。

2. 综合自动化

国民经济各部门大规模综合自动化是经互会成员国合作的另一基本目标，其中包括建立和采用柔性自动化生产系统、旋转式运输线、工业用机器人、内装式控制系统的自动化设备，特别是高度精密设备等。其研制任务如下。

（1）研制各种用途的快速调整的柔性生产系统和完全自动化的车间和工厂。

（2）研制自动设计和生产工艺准备自动化系统以及生产工艺流程一体化控制系统。

（3）研制工业用机器人和机械手，包括具有人工视觉、可接受语言指令、可编程序等能力。

（4）研制超精密设备和仪表仪器的自动化生产工艺。

（5）研制通用的包括机械、液压、风动、电机等成套制品及生产工艺中的高精度控制设备。

（6）研制起重、运输、装卸和仓库作业自动化技术装备系列产品。

通过上述任务的实现，可使产品设计、制造费用降低三分之一，劳动量降低二分之一，仓库作业劳动生产率提高 3 倍，生产工艺准备时间缩短二分之一。且使用柔性自动化生产系统，可使劳动生产率提高 1～4 倍。

3. 原子能工业

加速对经互会成员国的动力生产系统进行彻底改造，提高供电效率和可靠性，改进城市供热，保护环境，加速发展原子能工业。其计划任务如下。

（1）改进和建造 BBЭP－440 型和 BBЭP－1000 型水－水反应堆原子能发电站，提高经济效率和监控自动化。

（2）研究天然铀的使用及放射性废料处理和安全拆除过期原子能动

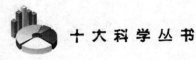
力装置的方法和设备。

（3）建造能进行远距离供热的民用和工业用原子能热电站。

（4）研制再生核燃料的快中子反应堆和多用途高温核动力工艺装置，研究开发受控热核聚变新能源。

原子能工业中的核反应堆发电厂

上述任务的实现将使各成员国减少燃料开采投资，扩大核动力资源基地，提高核电站的经济效益及可靠性和安全性，并为开发受控热核聚变新能源创造前提条件，从而将大大提高各成员国的能源潜力。

4. 新材料及其生产加工工艺

这一领域的主要目标是研制在工业中广泛使用的具有抗腐蚀性、抗辐射性、耐热性和耐磨性等优点的各种新材料，以及生产和加工这些新材料的工业工艺。在此基础上加速发展利用新材料的机器制造业，以提高各成员国的机器制造业产品在世界市场上的竞争力。并集中力量研究开发充分利用原生和再生原料、资源的新工艺，以减少生产能耗和原材料消耗。其研制任务如下。

（1）建立多种高强度、耐磨损和耐腐蚀、耐热的新结构材料和陶瓷材料的工业生产部门。

（2）研制汽车用陶瓷内燃发动机和陶瓷燃气轮机。

（3）研制多用途新型塑料，代替大量天然材料和金属材料，使之能显著改进设备性能，提高设备质量和使用寿命。

（4）利用粉末冶金方法，在黑色、有色金属和高熔点化合物基础上，研制新型耐磨材料。

（5）研制具有良好的防腐蚀等多种性能的新型非晶体和微晶体材料。

（6）研制用于微电子技术的新型半导体材料，以及具有特殊物理性能的高纯度金属和金属化合物。

（7）改进连续铸钢工艺，研究炉外钢处理工艺，用于生产高性能的优质钢材。

（8）研制用于切割、焊接、加工、热处理和剪裁等新工艺的激光器。

（9）研究应用等离子体、真空和爆炸工艺来处理喷涂坚固耐磨和防腐涂层。

（10）研究应用高压、真空、脉冲和爆炸能量，以及水压、气压方法，来形成新型超硬材料的工艺和特种型材。

通过实现上述任务，从根本上改进提高机器制造业、冶金业、电子工业、电机、化工等工业部门的生产技术工艺水平，降低能耗、材耗、劳动量和成本，提高产品质量和寿命，合理用材。

5. 生物工程

这个领域的主要目标是通过加速发展生物工程，以预防和有效治疗

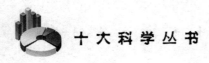

各种严重疾病，迅速增加食品资源，开发新的再生能源，进一步减少废料产生和对环境的有害影响。其主要任务如下。

（1）研制医用新型生物活性物质和药品制剂，包括干扰素、胰岛素、人类生长激素、单克隆抗体等，实现早期诊断和医治心血管、肿瘤、遗传性等疾病。

（2）研制保护微生物和预防病虫害的农药、细菌肥料及植物生长调节剂，用基因和细胞工程研制高产、稳产的农作物和杂交品种。

（3）研究提高畜牧业产量的饲料添加剂和生物活性物质，包括饲料蛋白、氨基酸、酵母、维生素、兽医制剂等，研究预防和检疫农畜疾病的生物工程方法。

（4）应用生物工程研制有经济价值的食品工业、化学工业、微生物工业等的新产品。

（5）深入研究有效的加工农业废料、工业废料和城市垃圾的生物工艺，利用污水、废煤气制造沼气等。

通过实现上述任务，将更加合理、有效地利用再生生物能源，提高农作物的产量，增加农作物的品种，研制出更多的生物药品，提高医疗保健和农医、兽医科学水平，提高居民的生活水平，改善居民的健康状况，改善环境卫生。

四、愿望与现实

《综合纲要》于1985年12月18日通过后，经互会各成员国经过1986～1988年近三年紧锣密鼓地运作，协同攻关的五个优先发展的技术领域的确取得了一定成绩和进展。

在计算机技术方面，各成员国奋起直追，民主德国和匈牙利成绩斐然。从 1987 年开始，民主德国已能自行生产 32 位计算机，1988 年该国又推出了经互会成员国第一批 1 兆位存储开关电路（而西方国家也只是在 1985 年才造出 1 兆位的芯片），1988 年匈牙利研制出各种高技术研究用计算机系统，而类似的系统在此以前只有美、英、日才能制造。

在软件开发和生产方面，匈牙利的产品已在西方市场上成为畅销品。

在研制能够代替铁磁材料的新聚合物方面，苏联发明了一种完全由合成材料制成的不含金属原子的磁性材料。

在生物技术方面，从液态烷、碳氢化合物中提取蛋白质的研究工作，苏联已居于世界领先地位。在生产工艺方面，苏联基辅巴顿研究所研制成功的闪光对焊法、电渣铸造法、悬浮铸造法和改善钢锭表面质量的等离子技术等，均已成为世界尖端技术。

尤其值得一提的是，苏联虽然在计算机硬件生产技术方面落后于西方 3～5 年，但在某些关键性高技术领域已取得比较突出的成就，如热核、激光、粒子束、分子基因等已居世界前列。另外，苏联在生物工程、真空技术、陶瓷材料、高压物理和电离层等高科技领域，与美国也不相上下。

在贯彻落实《综合纲要》的过程中，各成员国都普遍成立了一定规模和数量的合资企业，截至 1988 年 11 月的统计，匈牙利已有 200 家与西方合资的企业，苏联也有 70 家合资企业。

经互会各成员国在积极实施《综合纲要》的近三年中，不仅在五个优先发展的技术领域里取得了显著成就，还使这些国家的科技力量也具有了相当实力。1988 年 11 月 13 日北大西洋委员会在联邦德国汉堡召开"研究东西方未来发展战略"的重要会议，联邦德国埃伯特基金会研究所成员、东方问题专家亨里克·比索夫在会上发表研究报告称："苏联本身的科学水平并不低，苏联和东欧拥有世界三分之一以

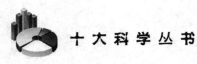

上的科学人才，五分之一以上的新技术和新工艺专利。经互会成员国每百万居民中就有科学家 4000 人，而同一比例西方只有 1800 人。然而，苏联和东欧各国在某些关键技术领域明显落后于西方，其中包括机器人制造技术、程控技术、通信技术、膜技术、玻璃纤维、光导技术和计算机技术等。"

经互会成员国通过实施《综合纲要》来抢占高技术制高点，这本来已是实践证明行之有效的举措。只要经过一段时期的艰苦努力，是可以使各成员国的整体经济集约化和全面科技进步达到最高水平，从而实现缩小东西方之间"技术差距"的目标。然而，从 1989 年开始，由于经互会成员国的政局相继发生了突变，导致《综合纲要》也随之流产了。

从 1989 年到 1990 年 10 月 3 日，东欧各国先后发生了"翻天覆地"的大动荡，这些国家均在短短的一年间先后脱离了原先的政治轨道。这样一来，经互会成员国自然也就随着政治体制格局的变更而解

"东方尤里卡"计划由于政治格局的变化而流产，于 1991 年 5 月中止

除了联盟关系，"东方尤里卡"计划的良好愿望与严酷的政治现实形成了鲜明的反差，这项行之有效的计划也只能以流产而告终了。1991年5月，最后一次经互会会议作出了该组织解散的宣告，而其"东方尤里卡"计划自然也就不复存在了。

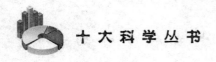
中国 863 计划

中国 863 计划，又称高技术研究发展计划。1986 年 3 月，王大珩、王淦昌、杨家墀、陈芳允四位著名科学家联名给中共中央写信，提出要跟踪世界科技先进水平，发展我国高技术的建议。这一建议立即得到邓小平同志的高度重视，并批示："此事宜速决断，不可拖延。"根据邓小平同志的指示和国务院的部署，从 1986 年 4 月开始制定发展我国高技术，跟踪世界科技先进水平的高技术计划纲要，并定名为《863 计划纲要》。经过 200 多位专家学者三轮极为严格的科学论证后，中共中央、国务院于 1986 年 11 月批准了《高技术研究发展计划》。由于四位科学家的建议和邓小平同志对建议的批示都是在 1986 年 3 月作出的，这个宏伟计划就被命名为 863 计划。

一、863 计划的目标

863 计划从世界高技术发展趋势和中国的需要与实际可能出发，坚持"有限目标，突出重点"的方针，选择生物技术、航天技术、信息技术、激光技术、自动化技术、能源技术和新材料技术 7 个领域 15 个主题（目前 863 计划共有 8 个领域 20 个主题）作为我国高技术研究与开发的重点，组织一部分精干的科技力量，希望通过 15 年的努力，力争达到下列目标。

（1）在几个最重要的高技术领域，跟踪国际先进水平，缩小同国外的差距，并力争在我们有优势的领域有所突破，为 20 世纪末特别是 21 世纪初的经济发展和国防安全创造条件。

（2）培养新一代高水平的科技人才。

（3）通过伞型辐射，带动相关方面的科学技术进步。

（4）为 21 世纪初我国经济发展和国防建设奠定比较先进的技术基础，并为高技术本身的发展创造良好的条件。

（5）把阶段性研究成果同其他推广应用计划密切衔接，以便迅速地转化为生产力，发挥经济效益。

二、863 计划的整体框架

863 计划的整体框架是由对我国今后发展有重大影响的 8 个高技术领域 20 个主题、重大项目、基地建设、重点实验室建设等部分组成的。

1. 领域与主题

（1）生物技术领域有三个主题：优质、高产、抗逆的动植物新品种；基因工程药物、疫苗和基因治疗；蛋白质工程。

（2）航天技术领域有两个主题：性能先进的大型运载火箭；继续进行空间科技的研究与开发。

（3）信息技术领域有四个主题：智能计算机系统；光电子器件和光电子、微电子系统集成技术；信息获取与处理技术；通信技术。

（4）激光技术领域有三个主题：高性能和高质量的激光技术；激光

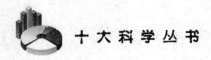

"863"计划

应用于加工、生产、医疗和国防的研究；带动脉冲功率技术、等离子体技术、新材料及激光光谱学等的发展。

（5）自动化技术领域有两个主题：计算机集成制造系统（CIMS）；智能机器人。

（6）能源技术领域有两个主题：燃煤磁流体发电技术；先进核反应堆技术。

（7）新材料领域只有一个主题：即高技术关键新材料和现代材料科学技术。

（8）海洋技术领域有三个主题：海洋探测与监视技术；海洋资源开发技术；海洋生物技术。

（9）五个专项：即水稻基因图谱；航空遥感实时传输系统；HJD—04E型大型数字程控交换机关键技术；超导技术；高技术新概念、新构思探索。

2. 重大项目

（1）15 项重大关键技术为：

　　①两系法杂交水稻技术；

　　②抗虫棉花转基因植物；

　　③恶性肿瘤等疾病的基因治疗技术；

　　④大规模并行计算；

　　⑤光纤放大器及泵源；

　　⑥星载合成孔径雷达模样机；

　　⑦空间监视相控阵雷达小面阵及关键预研；

　　⑧2.16 米红外自适应光纤传输系统；

　　⑨2.4GB/sSDH 高技术光纤传输系统；

　　⑩航空遥感实时成像传输处理系统；

　　⑪基于 STEP 的 CAD/CAPP/CAM；

　　⑫6000 米水下自治机器人；

　　⑬10MW 高温气冷实验堆；

　　⑭双层深光离子渗金属技术；

　　⑮金钢石膜制备技术及应用。

（2）8 项重大成果转化项目是：

　　①基因工程多肽药物；

　　②两系法杂交水稻的育种示范；

　　③"曙光"计算机；

　　④大功率激光器及其应用；

　　⑤企业的 CIMS（计算机集成制造系统）推广计划；

　　⑥机器人自动化示范工程；

　　⑦高性能低温烧结多层陶瓷电容器；

⑧氢镍电池及其相关材料。

3. 基地建设

(1) 基因工程疫苗联合开发中心。

(2) 基因工程药物联合开发中心。

(3) 国家智能计算机系统研究开发中心。

(4) 国家光电子工艺中心。

(5) 国家 CIMS 工程研究中心。

(6) 国家储能材料研究开发中心。

(7) 微组装中试线。

4. 重点实验室建设

(1) 基因图谱实验室。

(2) 大规模集成电路设计实验室。

(3) CIMS 设计自动化工程实验室。

(4) CIMS 工艺设计自动化工程实验室。

(5) CIMS 柔性制造工程实验室。

(6) CIMS 网络与数据库工程实验室。

(7) CIMS 管理与决策信息工程实验室。

(8) CIMS 重量系统工程实验室。

(9) CIMS 系统技术工程实验室。

(10) 人工智能在机器人中应用实验室。

(11) 智能机器人视觉实验室。

(12) 智能机器人控制理论与方法研究实验室。

(13) 智能机器人结构研究实验室。

(14) 机器人装配系统实验室。

三、863 计划的政策措施和组织管理

863 计划的实施离不开现代化的科学管理。进行现代化的科学管理既要采用现代化的科技手段和方法，又要适应高技术本身发展的规律和特点。为保证计划目标的实现，863 计划以改革和探索的精神来推动管理的科学化。在借鉴国外高技术管理有益经验的基础上，863 计划也吸收了 20 世纪 60 年代我国研制"两弹一星"的组织管理经验和近年来科技体制改革中的成功经验，并结合我国的具体情况，制定了一系列行之有效的政策和措施，为我国科技体制改革和科研组织管理开辟出一条新路。

1. 863 计划的政策措施

（1）集中力量，统一指挥。863 计划打破部门和地区界限，集中优势力量，统一指挥，实行以专家决策和改革拨款制度为特征的管理运行机制，确保 863 计划的实施和完成。在落实任务和经费分配时，采用择优委托或招标的方式。择优委托是由专家组选择确有研究实力的单位，委托其承担某些研究项目；也可通过招标把研究任务落实到确有优势的单位，做到经费专款专用，在人、财、物上集中力量统一指挥，充分发挥有限资源的作用。

（2）大力协同，相互衔接。充分利用我国已有的试验装备和工作条件，加强三个方面的协同和衔接：其一，863 计划的研究力量、试验装备、工作条件等方面与各地区各部门的研究力量、已有的装备和条件的协同。不重复投资、不重铺摊子，选择原有基础好的单位，组成联合研究开发中心，发挥各自的优势和潜力；其二，863 计划的各种项目与其他科技计划中有关项目的衔接。分清界限，互为补充，避免不必要

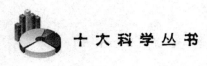

的重复；其三，863计划各种项目的阶段性成果与国家其他推广应用计划（如"火炬"计划）的衔接。使863计划的成果尽快转化为生产力，发挥经济效益和社会效益。

（3）实行首席科学家制。863计划，实行了具有中国特色的首席科学家制。首席科学家制并不是完全由一个科学家说了算，而是先在各领域成立专家委员会，充分发挥专家在发展规划、项目选择、咨询、评议以及决策管理中的作用，然后在专家委员会，设首席科学家。首席科学家由专家委员会中最有威望、最有影响力和最具远见卓识的专家担任。当意见无法统一的情况下，由首席科学家来拍板定案。

（4）依靠和发挥中青年专家的作用。863计划特别重视对年轻一代科技人员的培养，注意发现和大胆起用优秀的中青年科技人才，并在全国范围内选拔优秀的中青年专家，把他们放在关键岗位上，在老科学家的关怀和指导下，充分发挥他们的作用。

863计划倡导"公正、献身、创新、求实、协作"的精神，这一精神正在陶冶和造就一代新型的科学家和高技术管理专家。

（5）项目的实施强调跟踪前沿、目标驱动的方针。凡是能拿到目标产品的863计划项目，要努力争取实现。

（6）积极开展国际科技合作与交流。863计划实施后，通过政府间的多边关系、双边关系和各种民间渠道，开展国际合作与交流；采用多种方式，进行人员交流及学术交流；积极聘请外国专家来华讲学和开展合作研究，在国际高技术研究开发环境中，培养和造就一批高水平的科技人才。

2. 863计划的管理系统

（1）决策指挥系统。863计划的决策指挥系统，由国家科技领导小组、国家科技部及各领域的专家委员会和各主题项目的专家组组成。

国家科技领导小组是863计划的最高决策指挥机构，负责审定重大科技方针政策、中长期计划及重大问题的决策与协商，并向中共中央和国务院报告计划的执行情况。

（2）协调管理系统。863计划的协调管理系统，由国家科技领导小组办公室和国家科技部高技术计划联合办公室各有关部门、各领域办公室、各领域专家委员会办公室、各主题项目专家组办公室组成。

（3）评估监督系统。863计划的评估监督系统，由国家科技部、有关部门的领导和专家以及各领域专家委员会的首席科学家组成。

（4）信息交流服务系统。863计划的信息交流服务系统，通过新闻界、科技情报系统《高技术通讯》和各领域或各主题的快报、简报、科学报告等进行信息交流和相互服务，从而使高技术研究的成果扩散到全社会。

四、实施863计划取得的重大成果

以跟踪国际高技术前沿为宗旨的863计划实施10年来，在中共中央的正确领导下，通过广大科技人员的艰苦探索，在生物、信息、自动化、激光、能源、航天、新材料等关键技术领域相继取得重大突破，共取得研究成果1398项，其中达到国际水平的有550项，有659项研究成果获得国家或部委级奖励，缩小了我国与发达国家的差距，大大提高了我国高技术研究开发水平，增强了我国的科技实力。同时，还建立了一批高技术研究开发基地，培养了一支新一代高技术研究开发队伍，部分成果开始走向商品化和产业化，创造了显著的经济效益和社会效益，对国民经济和社会发展产生了重要影响。

1. 生物技术领域

我国在国际上率先建成了水稻基因组BAC全库，目前已建成由

4.3亿个核苷酸组成的水稻全部12条染色体的骨架元件，它覆盖了水稻全部基因组的98％。我国在两系法杂交水稻研究和育种方面居国际领先水平，已育出实用的不育系六个，选育出的新组合十余个，1995年累计推广面积20万公顷，产量比三系法杂交水稻普遍提高10％～15％。到2000年时，两系法杂交水稻的种植面积将达到333.3万公顷，届时，可为我国多增产稻谷35亿千克，增加社会产值达50亿元以上。

袁隆平与杂交水稻、水稻基因组

棉花的转基因技术历来是棉花基因工程的一个关键所在。我国科学家采用基因导入和整合方法将抗虫基因导入棉花，获得了抗虫植株，对棉花的大敌棉铃虫的抗虫效果十分显著。此外，用子房注射法、农杆菌介导法、激光穿刺法等转基因技术，已在我国多个棉花主栽品种上转基因成功，如"泗棉"3号、"中棉"系统、"晋棉"系统等，这在国外尚无先例。现我国已有13个株系经鉴定对棉铃虫有显著的抗虫表现，杀虫效果达80％以上。1995年冬，这13个转基因抗虫棉株系在海南岛进行加代繁殖，繁殖面积约5.3公顷，1996年布点试种示范达100公顷。

到 2000 年，预计示范面积可达 33.3 万公顷。抗虫棉以增产 10% 计，其效益相当可观。

我国农科院作物所利用细胞工程、分子标记技术与常规育种相结合，将野生种中高抗黄矮病的基因转移至普通小麦获得成功，其对黄矮病的抗性显著优于国际上用作耐性对照的"龙麦"15 号。此项成果被我国新闻界评为 1995 年世界十大科技新闻之一。到 2000 年，预计可累计试种 6.7 万公顷。此外，导入抗病基因的抗赤霉病小麦也已进入示范阶段。1995 年试种 466.7 公顷，表现出高抗病的特性，且每公顷产量高达 6750 千克。

在实施 863 计划的 10 年中，我国医药行业运用基因工程，在研制新医药方面取得了一系列令世人瞩目的重大成果，为我国医药行业新兴产业的崛起和传统产业的改造作出了新的贡献。目前已进入市场的新型药物和疫苗有 7 种，产生了巨大的经济效益和社会效益；还有 17 种生物制剂即将完成临床试验，不久可投放市场；另有 50 种生物制剂正在实验室研制。有关人士估计，到 20 世纪末，这些生物技术药物的年产值将达 50 亿元，并将大大推动我国医药行业传统产业的改造。在基因治疗方面，自 1990 年我国首次用基因治疗一例先天性免疫缺陷症以来，基因治疗领域已扩展到恶性肿瘤、艾滋病、乙型肝炎、心血管疾病、代谢疾病等。乙型肝炎是我国的常见疾病，带病毒者高达 1.2 亿人，我国运用基因工程研制出的新药 aIb 型干扰素，不仅是治疗乙肝的特效药，对活动性乙肝、丙型肝炎、白血病等均有明显疗效。

2. 信息技术领域

在当今发展最为迅速，竞争也最为激烈的信息技术领域，我国自实施"863"计划以来也抢占了若干滩头阵地。在完成了"曙光"1 号全对称多处理机服务器系列之后，我国又完成了"曙光"1000 大规模并行计算机系统，这不但标志着我国已掌握大规模并行处理这一 20 世纪

90 年代计算机的尖端技术，还为我国开拓高性能的计算机产业创造了条件。中科院生物物理所的专家利用"曙光"1000，成功地完成了国际首例天然 DNA 整体电子结构的分析计算，令国外合作伙伴惊讶不已，他们本以为中国要在 10 年后才可能有这种规模的计算能力。

星载合成孔径雷达技术是 20 世纪 90 年代国际上发展星载对地观测的重要手段之一。我国已突破其关键技术，其机载合成孔径雷达实时成像处理器和航空遥感实时传输系统，1995 年在江西鄱阳湖地区洪水监测与灾情评估中，起了关键性的作用。

作为国家信息高速公路基础的 2.4Gb/s 同步数字系列（SDH）光纤传输系统，已取得技术上的重大突破，2.4Gb/s 光终端设备已经联通。它的成功使我国成为世界上少数几个具有开发 2.4Gb/s 系统能力的国家之一。

过去，我国的大型程控交换机 100％从国外进口，形成了"七国八制"的局面。1992 年，由中国邮电工业总公司和解放军信息工程学院合作研制成功 04 交换机，打破了外国产品一统天下的局面，使我国一跃成为国际上少数几个能独立开发和生产大型程控数字交换机的国家之一。国内产品 1994 年已占有中国市场 15％的份额，1995 年已超过 20％。

3. 自动化技术领域

在自动化技术领域，计算机集成制造系统（CIMS）的关键技术在我国完全空白的基础上全面突破，达到国际先进水平。我国已成功地掌握了 CIMS 的信息集成技术，并在企业获得了很好的应用效果。清华大学建成了国家 CIMS 工程研究中心，CIMS 在机械、电子、航空、服装等 11 个行业的 50 多家企业推广应用，预计到 2000 年时将发展到几百家企业。1994 年，国家 CIMS 工程研究中心获得了美国制造工程师学会颁发的"大学领先奖"，1995 年北京第一机床厂又将 CIMS 的"工业领先奖"从美国捧回，与此同时，联合国工业发展组织颁发的"可持续工业发展奖"也选中了北京第一机床厂。

另外，智能机器人的成就堪与 CIMS 媲美，原定的五种型号机器人样机已相继完成。6000 米机器人的研制成功，着实令世界吃了一惊。它的成功使我国具有了对除海沟以外的占全世界海洋面积 97% 的海域进行详细探测的能力，成为世界上第五个具备这种能力的国家。

4. 航天技术领域

在航天技术领域，开展了空间站、空间科学、天地往返系统、大型运载火箭及应用方面的跟踪研究和概念研究，为国家制定航天发展战略提供了重要依据，并为航天事业的下一步发展奠定了基础。

我国科技人员还利用返回式卫星和运载火箭进行了砷化镓材料、蛋白质晶体、细胞、微生物、植物种子等搭载试验，获得了重要成果。目前，从搭载的种子后代中，已经选育出数百个早熟、丰产、优质、抗病、抗倒伏的新品种，并在全国推广，其中"航"1 号水稻亩产达 12750 千克以上，增产约 70%；青椒每公顷产量近 75000 千克，增产 100% 以上，单个果实重达 0.25 千克。搭载试验还为我国制药、饮料、饲料等行业培育出了新菌种。

此外，还进行了对地遥感、新一代液体火箭发动机、短期环境控制和生命保障等技术研究，达到国际先进水平，填补了我国在这一领域的空白。

5. 激光技术领域

在激光技术领域，我国主要开展了短波长、高质量、高功率、高能量的激光技术研究和激光驱动惯性约束核聚变研究，以及激光技术在工业、国防、科研、医学等方面的应用研究。

10 年来，我国在短波长氧碘化学激光研究方面不断创新，1992～1994 年，激光功率从 100 伏安发展到超过 5000 伏安，使我国该项技术

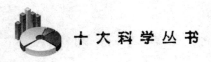

的研究进入世界先进行列。北京自由电子激光 1993 年 5 月出光，成为亚洲第一束红外自由电子激光。1994 年 7 月，"曙光" 1 号自由电子激光功率达到 140 兆伏安，在亚洲领先。1988 年，我国首次获得 X 光激光，1994 年在国际上率先实现了类氖锗软 X 光激光行波放大，首创四靶对接技术，有效增益创世界最高纪录。即将建成的国内最大的神光—11 钕玻璃激光装置，瞬间输出功率高达 2 万伏安，将成为我国开展惯性约束核聚变的重要设施。另外，新的激光装置的研究设计已经起步，部分技术将接近世界先进水平。

6. 能源技术和新材料领域

能源技术领域有多项重要成果问世。围绕高温气冷堆、快中子增殖反应堆等堆型的研制，我国科技人员攻克了一批关键技术，目前高温气冷堆正在建设之中，快中子增殖反应堆业已批准立项，即将进入建设阶段。

在新材料领域，我国镍氢电池的研究和中试产品的主要技术指标已接近国际先进水平，并拥有了自己的专利。该领域组建的国家高技术新型储能材料工程开发中心，将使有 "绿色电池" 之称的镍氢电池生产规模在 20 世纪末达到 2 亿安时。高性能低温烧结陶瓷电容器是另一项重大成果，它在电子工业上有着广泛的应用，现这种电容器已达到年产10 多亿支，创产值 1.5 亿元，并开始出口。

如同硕果挂满枝，1300 多项高技术的成果难以一一道来。我国实施 863 计划 10 年来，从跟踪世界高科技前沿，到在一些高科技领域占有了一席之地，这不但反映了我国高科技的发展和成就，反映了一个国家和民族创新的能力，同时也标志着我国综合国力的提高和增强。

应该说，实施 863 计划以来最显著的成就之一，就是培养出了我国高技术领域的学科带头人，形成了我国国家级高技术队伍的核心。近年来，在生物、信息、自动化、能源、新材料等五个领域的专家组中，就有 27 位 863 专家被增选为中国科学院院士和中国工程院院士。这 27 位院士的加入，改善了我国最高科学技术团体的年龄结构和学科结构。此外，还有大批的 863 技术骨干走进了各级科技领导岗位，成为我国具有战略眼光、管理才干和改革精神的跨学科专家，他们是我国高技术发展极其宝贵的财富。

在 863 计划的精心选择、长期培养下，一支精干的高水平的研究与开发队伍正在形成。走入 863 队伍中的科技人员，45 岁以下的占 55％，低于全国科技人员的平均年龄。10 年来，863 计划培养研究生 5500 人，其中博士后 207 人，博士 1494 人。863 计划的成功实施，还形成了吸引留学人员报效祖国的强大动力。近年来，学成归国参加 863 计划的高级研究人员近 500 人。

五、863 计划的影响

863 计划的组织实施，不仅大大提高和增强了我国高技术研究与开发能力，培养出了我国高技术领域的学科带头人，形成了一支精干的高水平的中青年科技队伍，而且还对我国科学技术的发展、科技体制的改革乃至人们思想观念的转变等方面产生了深刻的影响。

863 计划实施以来，通过典型示范和伞型辐射，引导带动了我国高技术的全面发展及相关学科技术的发展，863 计划已名副其实地成为我国高技术发展一面辉煌的旗帜。因此，863 计划的进展不仅引起了国外企业界和学术界的极大兴趣，还使得一些国外的战略研究机构已开始把中国的 863 计划及其未来的研究，作为预测未来世界科学技术发展的一部分。而我国国内的企业界、地方政府和有关部委也以越来越大的兴趣，关注和参与 863 计划的进展。

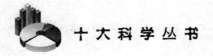

863计划培养了大批博士生和博士后等人才

863计划形成的我国高技术研究发展布局，建立的高技术研究发展基地，遍及全国的高技术研究开发网络，以及锻炼和培养的高技术研究开发队伍，使我国高技术研究开发具备了参与国际竞争与合作的实力。在计划实施的过程中，我国已和世界上20多个国家在高技术领域建立了合作关系，与10多个技术先进国家开展了实质性的高技术合作，大大提高了我国高技术研究发展水平，为我国高技术的未来发展奠定了坚实的基础。

863计划实行的经费随任务下达、专款专用和采用专家参与决策的管理体制和运行机制，是我国科技管理方面的一次大胆尝试。实践证明，这既有利于跨部门组织项目，又有利于调动科技人员特别是中青年科技人员的积极性和创造性，促进了科技体制改革。同时，计划的实施过程也是积极探索我国发展高技术道路的过程，所积累的许多成功经验，将为我国高技术的未来发展指明方向。

　　863 计划的实施对促进全社会思想观念的转变，增强我国发展高技术的信心发挥了重要作用。863 计划和"火炬"计划的相继出台，以及高新技术开发区的蓬勃发展，使更多的人认识到高技术及其产业化、高技术与经济的结合是关系到中华民族前途和未来的大事，进一步加深了对邓小平同志关于"科学技术是第一生产力""发展高科技，实现产业化"等指示的重要意义的认识和理解。

　　实践证明，中国需要 863 计划，也一定能搞好 863 计划。863 计划在"十五"期间必将得到更为迅速的发展。

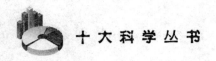

"生物圈 2 号" 计划

所谓"生物圈 2 号",是指坐落在美国亚利桑那州图林市以北约 40 千米沙漠荒原中的一座由钢架和玻璃构建起来的全封闭建筑,"生物圈"表示地球的生态环境,取名"2 号"是把地球的生物圈看做"1 号"的缘故。实际上这就是一个"人造小地球",一个别开生面的大型生态实验室,里面有自己的生态和气候环境,有各种动物和植物,能从外界进来的只有阳光和信息,而人类所必须的食物、空气和水,全都要靠"人造小地球"上的居民自力更生地解决。

"人造小地球"于 1991 年 9 月建成,第一次实验工作也在当月展开,全部实验正式进行两年,于 1993 年 9 月结束。这就是"生物圈 2 号"工程计划。

一、"生物圈 2 号" 的由来

早在 1926 年,苏联就开始研究生物圈。苏联学者弗那泽斯基曾写了一本书,书中把地球描写为一个封闭的利用来自太阳能量的动态系统,他把这种系统称为生物圈。

后来,弗那泽斯基学说的继承人来到位于西伯利亚的苏联生物物理

坐落在沙漠之中的"生物圈2号"生态实验室

研究所，在那里三名科学家住在一个小型气密的空间里，呼吸着由植物的光合作用产生的氧气，生活了6个月。但是他们还不能通过耕种获取所需要的全部食物，也不能循环利用全部固体废物。

在封闭的空间里要实现真正意义上的"自给自足"，除了能量来自外部，并与外部交流信息外，这个封闭空间里的居民不能添加或减少任何东西。1986年，一家私人生物学研究机构SBV公司的主要领导人兼工程师奥古斯丁与生态学家纳尔逊和艾伦三人同在伦敦生态工程学院合作项目时，就开始构思人造生物圈的雏形及保证生命延续的必备设施和规模。设计基本成形后，他们和美国得克萨斯州石油巨子爱德华·巴斯取得了联系。巴斯是世界野生动物基金会的成员，一向热心于不同凡响的生态项目，并不惜为此投入时间和巨额资金。当奥古斯丁、纳尔逊和艾伦向他勾画出"生物圈2号"的轮廓后，巴斯便投资购置了必需的土地。

名为"生物圈2号"的实验工程于1987年开始破土动工，历时4

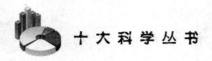

年，于 1991 年 9 月竣工。"生物圈 2 号"工程是由美国太空生物圈风险投资公司主持修建的，该建筑高 28 米，最宽处 25 米，内部空间超过 20 万立方米，占地 22700 平方米，相当于三个足球场大小，总耗资 1.5 亿美元。这是迄今为止规模最大、内容最复杂的一项生态工程，舆论界称之为自肯尼迪提出飞向月球的计划以后，美国实施的最令人激动的科研计划。

二、"生物圈 2 号"计划的目的

美国实施"生物圈 2 号"计划，首要目的是探索人类在其他星球生活的可能性，为 21 世纪人类在月球上建立基地和飞往火星服务。

走出地球，飞往其他星球世界，一直是人类梦寐以求的理想。美国和苏联都制定过 21 世纪建立月球基地和远征火星的计划，日本不久前也公布了在未来十几年内登上月球的宏伟蓝图。科学家们在封闭的"生物圈 2 号"里模拟地球自然环境下的生活，实质上就是试验未来人类在其他星球居住的一种生活基地模型。如果获得成功，将证明人类能够脱离地球，在太阳系的其他星球中独立生存。

计划的第二个目的，是保护人类的"摇篮"——地球。

随着全球气候变暖、臭氧层被破坏和热带雨林的乱砍乱伐，地球上的生态系统不断遭受严重破坏，地球环境恶化日趋严重。以"生物圈 2 号"为模型，研究各种动物、植物、空气、土壤和人类活动的相互作用与影响，进而深入了解地球生物圈的循环和运行规律，这将为更好地保护地球，改进地球的资源管理，拯救岌岌可危的动植物，提供宝贵的经验。

计划的第三个目的，是 SBV 公司希望研究出新的实用性生产食物和处理废物的技术，以获得巨大的经济效益。

三、"生物圈 2 号"的生态系统

远远望去，"生物圈 2 号"就像一座用玻璃建成的玛雅人神殿，其实这座复杂的人造建筑物的内部却像一个微型的小地球。"生物圈 2 号"的内部人为地建造了一个模拟世界各地巨型景观的小生态系统，包括带有瀑布的亚马逊热带雨林，长满了金合欢树的南美委内瑞拉大草原，一片巴加沙漠，墨西哥和马达加斯加的带刺灌木丛，佛罗里达南部的大沼泽地和一个水深 7.5 米，容量为 450 多万升的海洋。在"生物圈 2 号"内的另一端，是八位科学家的栖身之地，包括一间种满蔬菜的温室、一片饲养着供科学家们食用的各种家禽（畜）的空地和一幢两层的兼作办公与生活用的综合楼。

热带雨林设置在一个宽阔的金字塔形的屋顶之下，雨林中有一座16 米高的小山，从山上急流而下的瀑布汇成无数条小溪，缓缓流过长满青草的大草原，再进入盐水沼泽区，最终归入人造海洋。海洋的最深处达 10.6 米，设置在海底的震动器可以使海洋产生微波和巨浪。海水中放养着 150 种不同种类的鱼，海底还设有美丽的珊瑚礁。"生物圈 2 号"内还有一个更小的"海洋"，完全与阳光隔绝，用来重现海洋深处的环境。

为了使"生物圈 2 号"内的生态环境具有代表性，使之成为名副其实的微型地球，"生物圈 2 号"的设计者们不惜工本、不辞辛苦，模拟了世界各地的生态环境。为了模拟天然的海滩，他们特意从 62 千米远的地方运来了较细软的沙子，以代替工地附近建筑用的粗糙的沙子；为了建造热带雨林，他们花费了更大的精力：先从土壤入手，准备了约 3

米厚的排水良好的底基土层，再在上面撒上1米厚的当地碱性土壤，然后用好几卡车的沼泽泥和堆肥使其酸化，以模拟热带雨林的地表。在热带雨林的中央，他们还竖立起一座水泥制成的委内瑞拉沙岩的假山。山顶上覆盖了一层土壤，并种植了苔藓和蕨类植物。山脚下种植了从密苏里植物园内移植来的约11米高的亚马逊树，树荫下还种植了一些喜阴的蕨类植物和橡胶树等。

"生物圈2号"里还专门开辟了一块空地，地面上覆盖着美国宇航员阿姆斯特朗和奥尔林德于1969年从月球上带回的土壤。其目的在于了解作物在"月土"上的生长情况，为未来在月球或火星等太空条件下种植作物获得宝贵的经验。

"生物圈2号"里有3800多种动植物，它们分别来自遥远的委内瑞拉、波多黎各、圭亚那和巴西。为了保证圈内热带雨林和其他植物的生存，设计者还精心挑选了300种能传授花粉的昆虫，有蝴蝶、蓝果树蜂、蜜蜂、无刺蜂、大黄蜂、集油蜂和木蜂，还有天蛾、金龟子、苍蝇、一对蜂鸟和一小群蝙蝠。除此之外，令人厌恶的白蚁、蟑螂、甲虫等一些昆虫也入选"生物圈2号"，这是因为它们具有惊人的吞食变腐植物和动物所产生的废物的能力。为了防止昆虫繁衍失控，圈内还饲养了许多种类的鸟及蟾蜍、蜥蜴等小型食肉动物，以控制其内部的生态平衡。为了不使用化学杀虫剂而依靠无害的昆虫来防治农作物的病虫害，"生物圈2号"里还放养了蜘蛛、脉翅昆虫和瓢虫等有益昆虫。

当然，"生物圈2号"里最精心挑选的动植物，莫过于供食物链金字塔顶端的生物——人类所食用的动植物。生活在圈内的八位科学家将完全依赖于一块面积约为2600平方米的"强化农业生物群落"而生活。在这个群落里，一年四季轮作着数以百种的瓜果蔬菜，包括西红柿、花椰菜、莴苣、玉米、豌豆、稻谷、小麦、土豆、香蕉、无花果、木瓜、甘蔗、咖啡、香草茶、苹果和药草等。另外还有家禽、猪、山羊，以及养在水中的鱼，它们不仅为八位科学家提供肉食品，而且还可不断地提供蛋和奶。

"生物圈2号"有自己的大气层，与地球一样有风有雨。为此，设计者在"生物圈2号"顶上装有风洞，里面产生的微风先把沙漠上空的干热空气吹到人造海洋上空，在吸足了水汽之后，又将其吹到热带雨林上空，变成降雨。另外，"生物圈2号"的顶上还装着由计算机控制的遮阳板和百叶窗，可以调节阳光的强弱，使圈内不同的部分有不同的温度，这样便使地球上不同地区的不同气候在"生物圈2号"内得到体现。

由于"生物圈2号"是一个完全封闭的独立系统，而且这种透明的玻璃结构能把照射到建筑物上70％的阳光投射到"生物圈2号"内部，因而"生物圈2号"内的温度必然会不断升高，特别是在阳光充足的温暖天气里，气温最高可达65.5℃，圈内空气受热膨胀产生的气压也将不断升高，甚至会冲毁玻璃墙。为了创造与地球上相同的气候和气压条

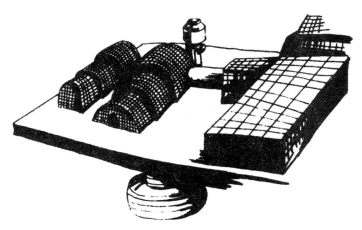

"生物圈2号"的人工"肺"功能；圈内空气受热膨胀时气体进入"肺"中，圈内温度下降时"肺"把气体放出来

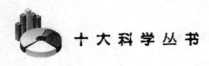

件，使人类能在"生物圈2号"内生存，设计者为"生物圈2号"安装了两个巨大的半球形"肺"。

所谓"肺"，其实就是两个高度均为16米的橡皮薄膜囊，它们分别被安装在"生物圈2号"的西墙和南墙旁，"肺"通过地下管道与"生物圈2号"内部相通。当圈内温度升高，空气受热而膨胀时，膨胀了的空气便通过管道进入"肺"内，使"肺"扩张起来；当温度下降，空气收缩时，橡皮薄膜的弹力便把"肺"里的空气压回"生物圈2号"内，使圈内的气压始终保持在一个稳定的大气压水平。

为了能使"生物圈2号"内的温度始终保持在适度范围以内，设计者为"生物圈2号"特别安装了空调设备。这种空调设备类似一颗"心脏"，当圈内温度过高时，热空气被抽入设在建筑物下面的通风设备的管道中，并被压送进热交换系统中冷却，冷却了的空气再通过进风槽重返"生物圈2号"内。这个热交换系统是由装有取自外界的18200升冷却水的螺旋管道所组成。当冷却水离开"生物圈2号"时，水温可达33.3℃；冷却水在"生物圈2号"外降温后，再返回冷却系统中，以便进一步与圈内热空气进行热交换。

"生物圈2号"内部装有120台水泵、200台电动机和25台空调机，以保证在圈内进行空气、水和垃圾的循环再利用。而太阳光、热量和电力则来自于"生物圈2号"之外。

四、"生物圈2号"计划的实施

1991年9月26日美国西部时间8时15分，随着两扇气闸门缓缓关闭，八位身着清一色海军蓝连衣裤工作服的科学家进入这座外表似几何图案的封闭之城——"生物圈2号"内，成为这个人造"世外桃源"的首批居民，开始了他们为时两年与世隔绝的科学生涯。八人中有五位美国人，他们是 39 岁的植物学家琳达·利，年纪最小的 27 岁的泰伯·麦卡勒姆，67 岁的医生兼营养学家罗伊·沃尔福德，32 岁的海洋生态学家阿比盖尔·阿林，以及 44 岁的负责计算机和情报信息工作的马克·纳尔逊；两位英国人是 29 岁的农艺学家简·波因特和 36 岁的萨利·希尔伯斯顿，此外还有 30 岁的维修机器能手、比利时人马克·范蒂洛。

八位科学家住在一栋白色圆顶的两层楼建筑物里。建筑物内有豪华的公寓、图书馆、气象站、医学实验室、配有电视电话的办公室、生物组织培养实验室、木工房、电工房等，还有娱乐活动中心和会议室。每位科学家都有一套设备齐全、两室一厅的公寓，公寓里有彩电和录像机，还有电话、传真机和电脑，以便与外部世界互通信息。1992 年美国大选期间，这里的五位美国居民就是通过电视在"生物圈 2 号"内投了票。

此外，"生物圈 2 号"内部还有处理突发事件和治疗疾病的设备。圈内的医疗所设备齐全，有心电图机、X 光机和一个手术台。另外，还有一个体育锻炼中心，中心内有多种健身器材。

两年中，每天上午科学家们要当四个小时的"农民"：在 2600 平方米的土地上种植庄稼，喂养家禽、家畜，管理果树，还要养鱼、养昆虫。他们种植的作物有蔬菜、谷物、水果和豆类，此外还有茶树和咖啡树。尽管圈内还饲养了一些肉鸡，但科学家们所需的蛋白质大部分来自于鱼肉。在上午"务农"之余，他们偶尔也当工人，从事一些日常维修工作，其中包括检查和维修机械设备（如泵、冷凝器等）。

午饭后，科学家们便干起自己的老本行，在实验室或生态环境群落里分别从事植物学、海洋学、医学、心理学、生态学和工程学等的研究工作。他们要监控"生物圈 2 号"内的 5000 个传感器，记录哪怕是一点点微小的变化；还要随时随地监测圈内的空气成分、温度、湿度、环境污染、动植物生长变化，以及相互影响等数据，并及时调节，以保持良好的生态平衡，防止出现意外事故。

八小时之外，是丰富多彩的业余生活，科学家们可以看电视、写日记、画画、学外语等，也可以去散步、欣赏风光，或者穿越"热带雨林"，到 10 米深的"海洋"里去游泳。

在全封闭的两年间，既没有一滴水进入"生物圈 2 号"，也没有一滴水从圈内流出。当圈内的水被蒸发之后，空气就变得潮湿，潮湿空气随后被冷却，水蒸气在冷却系统的螺旋管上凝集起来，滴入设在"生物圈 2 号"内复杂管道网上的集水槽里，再重新流入各生态系统内。在人类居住区内，另外设立了一套独立的水循环系统。连续不断地从冷凝管上滴下的水被用来烧煮食物、清洗物品、供生物饮用，以及供圈内的车间和实验室之用。为了安全起见，这些水都经过滤器净化，并经紫外线消毒。

为了确保水、空气和整个环境的清洁，"生物圈 2 号"内禁止使用化肥、农药和杀虫剂。植物病虫害由蜘蛛、瓢虫、黄蜂等害虫天敌来防治。而白蚁、蟑螂、甲虫等能把所有死去的动植物残骸分解并处理干净。人类所产生的所有废物被排入一个微型的沼泽滩地，动物和车间产生的所有废物则被排入另一个滩地。生活在这些滩地的微生物、植物、昆虫和蛙类将消耗掉这些污物，其中的有机物被分解，使水变得相当清洁，足以灌溉圈内的庄稼。

为了保持性别的平衡，"生物圈 2 号"里不多不少，正好安排了四男四女，他们都是身体健康的"单身汉"。许多人曾经非常关心他们之间是否会发生情感牵连，甚至预测他们会在里边生儿育女。然而两年后，当他们走出"生物圈 2 号"时，并没有给外界关心者带来任何惊奇的消息，四位女性没有一人怀孕。在谈到圈内的感情生活时，8 名科学家谁也不愿透露过多的细节。海洋学家阿比盖尔·阿林承认，在"生物圈 2 号"里最难的事情莫过于八个人如何友好相处。

"生物圈 2 号"内部虽然一应俱全，但八位科学家的实验生活并非无忧无虑。两年中，他们遇到了不少始料不及的困难和问题。

实验开始后不久就发生了空气泄漏问题。按照设计，"生物圈 2 号"的空气泄漏率每年是 3%，每百年需要更换新鲜空气三次左右。可事实上，自"生物圈 2 号"正式运行以来不到三个月，即 12 月 9 日，科学家们不得不从外界输入 1800 立方米的空气，这个数字相当于圈内全部空气的 10%。

"生物圈 2 号"运行以来，出现了另一令人烦恼的问题，就是大气很快失去平衡，二氧化碳含量上升，氧气含量下降。众所周知，地球大气层中氧气占 21%。而在进入 1993 年不久，"生物圈 2 号"中的氧气含量降到了 14.5%，相当于位于地球上 4085 米高山上的稀薄空气；圈内的二氧化碳含量也一度达到地球上正常含量的 10 倍以上，八位居民开始出现疲倦、难以睡眠等缺氧症状。为了使圈内空气不再继续恶化，科学家们不得不采取各种措施——使用潜水艇用抽气机排除过量的二氧化碳；为了能有效控制二氧化碳的产生，提高植物光合作用，科学家们根据新生植物容易吸收二氧化碳的原理，科学家们不断修剪植物，以使它们长得更快；他们还经常擦拭玻璃，使更多的阳光进入圈内。但这些措施都没有明显的效果，以致于"生物圈 2 号"不得不于正式运行的第二年，两次接受来自外部的输氧。

由于"生物圈 2 号"里的氧气不足，二氧化碳含量过高，圈中的人造海洋变成了深绿色并处于停滞状态，犹如一潭死水。此外，圈内的动植物也大量死亡，在 3800 多种动植物中，已有 30% 的种类死亡。

另外，"生物圈 2 号"内的阳光不足和害虫猖獗导致圈内农业歉收。按原计划，八名科学家应自己生产全部食物，但他们最终只生产了 80% 的食物，幸亏他们带进了 3 个月的备用粮食。粮食歉收使他们不得

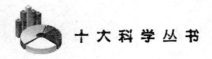

不动用储备食品，尽管如此他们还是吃不饱，因此他们甚至吃掉了留作种子的菜豆等作物。

两年中，科学家们的主食是红薯、小麦、大米和香蕉，很少能吃到鸡蛋和鸡、羊肉，因而他们总是报告说觉得饿，经常怀念外面的美味佳肴。在实验的前六个月中，科学家们每天摄取的食物热量平均为7451焦耳，只占他们应该摄取的25％；在以后的日子里，他们摄入为9209焦耳。因此，当八位科学家走出"生物圈2号"时，平均体重下降了14％。不过，参加实验的罗伊·沃尔福德发现，低热量食物对实验者的健康大有好处，他认为食用低热量食物可使能人活到120岁。

两年来与世隔绝的生活，虽然使八位科学家形容消瘦，但他们的身体都很健康，血压、胆固醇、血糖等各项指标也都很正常。在进入"生物圈2号"之前，科学家们的胆固醇值平均都在200毫升以上，在圈内生活两年后，他们的胆固醇值均降低到130毫升左右。

五、一次伟大的实验

当八位科学家进入几乎是与世隔绝的"生物圈2号"时，其中一位说她也许会躺着出来。然而两年后，他们都安然无恙地走出了"生物圈2号"。

1993年9月26日美国西部时间8时15分，四男四女共八位科学家走出"生物圈2号"，出现在等候多时的2500多名观众和记者面前。看上去他们的精神很好，似乎为重新回到现实世界而感到激动、欣喜和自豪。

在人群的欢呼声中，参加实验的马克·纳尔逊兴奋地说："一些人认为这是不可能的，但我们走出来了，而且很健康，很快乐！我们八个

1993 年 9 月，八位科学家（四男四女）走出"生物
圈 2 号"，出现在 2500 多名观众和记者面前

人以自己的努力为世界树立了一个典范。"简·波因特则指着刚刚走出
的"生物圈 2 号"对人们说："人类能否在人造生物圈中存活下去，我
们在那里面找到了答案！"琳达·利说："这番经历太特殊了，我如临天
堂。"泰伯·麦卡勒姆则大声说道："我们的实验表明，天空再也不是什
么界限了！"他的话赢得了一片掌声。这的确是一次有史以来最伟大的
生态实验，其重大意义远远超出了太空模拟基地的范围。通过这一封闭
系统，人们可以更好地了解地球全球运动过程，并有可能找出生产粮食
和处理废物的新方法。

当然，"生物圈 2 号"实验中还存在着很多问题。除前面所谈到的
问题之外，1991 年 10 月，女科学家简·波因特因手指被割伤而走出
"生物圈 2 号"接受治疗，这是"生物圈 2 号"正式运行以来第一次打
开封闭的气闸门；而简·波因特返回时还带回了一大包东西。此事在当
时曾引起了轩然大波，批评者认为圈内有医务人员，割伤完全可以在圈
内治疗，更何况"生物圈 2 号"计划也明文规定只有在出现大批动植物

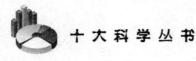

死亡、有人怀孕或身患重病时才可离开"生物圈2号",简·波因特根本没有必要小病大医。在此之后,"生物圈2号"又多达几十次地打开了气闸门,从外界接受了种子、老鼠夹子、化妆品等上千项小玩意,从而引起科学界的一些人士对这项实验持怀疑或否定的态度。迫于舆论的压力,1993年初该实验更换了负责人。

尽管"生物圈2号"实验存在诸多问题,但该实验的负责人认为实验基本达到了预期目的。两年来,"生物圈2号"实验的最大成就在于科学家们生产了自己所需要的食物,并使所有的垃圾和水都得到了回收重复使用,从而证明了人类能在人造的环境中生存下去。

在八位科学家走出"生物圈2号"后的五个月中,来自世界各地的60多位科学家将参观和考察了"生物圈2号",研究并测试两年来在"生物圈2号"中存活下来的动植物,以及运转良好的水、垃圾和空气等循环机制。进入"生物圈2号"的八位科学家中除罗伊·沃尔福德外,其他7位都表示将继续与太空生物圈风险投资公司合作,进行"生物圈2号"的进一步研究。沃尔福德将重返他原来的单位——美国加州大学洛杉矶分校医学院,不过他将作为饮食顾问继续为"生物圈2号"的研究出力。而"生物圈2号"在经过测试和改进之后,将继续进行实验,并且必将取得令世人更为惊奇的成就。

人类基因组计划

现代生物学在遗传的基础研究和应用上，已取得了巨大的成就。20 世纪 80 年代以来，科学界又将研究的对象转到人类自身，其中最引人瞩目的是标识人体所有基因的人类基因组计划。这一计划可能是生命科学领域迄今为止最为浩大的工程，也是人类科学探索的主流从认识外在世界的物理科学转向认识人体自身的生命科学的一个奠基工程。这项计划的推进，不仅冲击传统的医疗、制药等行业，而且对社会、伦理、法律诸方面都将产生深远的影响。

一、人类基因组计划的历史背景

现代自然科学已使人类成为地球真正的主宰，也使人类的健康踏上了新的台阶。人类虽已根治了天花，战胜了霍乱，控制了麻疯病，但与现代自然科学在太空、信息、通信、武器、交通等方面的辉煌成就相比，人类对自身的认识和保护却不尽如人意：全世界有 20％～50％的人每天备受各种慢性病的折磨；我国有 11％的人患有高血压,4.2％的人有不同程度的残疾,2.5％的人智力低下，六分之一的孩子患近视、色盲；肿瘤、心血管疾病等疾病的发病率日益升高，人类

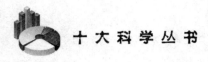

因病死亡的主要原因仿佛是驱除不掉的幽灵，艾滋病更使人们对未知灾难又有了新的恐惧……这导致人类为健康不得不付出昂贵的代价——美国一年的医药费在7000亿美元以上，美国国家医学研究院的年度经费超过100亿美元，居该国各项研究预算之首；我国"八五"期间每年的医疗费用也超过1000亿元人民币，接近全国财政收入的20％。

现代医学已经有了过去难以想像的进步，但是，相对于人体奥秘来说，人类知道的还太少。人类基因组计划（HGP，Human Genome Project）就是人类认识自身，揭开人体奥秘，奠定21世纪医学、生物学发展基础的一个庞大工程。

最先提出这一设想的是美国生物学家、诺贝尔奖得主杜伯克，他于1986年3月7日，在美国《科学》杂志上发表了一篇题为《癌症研究的转折点——人类基因组的全序列分析》的短文，指出包括癌症在内的人类疾病的发生都直接或间接与基因有关。因此，我们面临两种选择：要么大家各自研究自己感兴趣的基因；要么从整体上研究人类的基因组，分析整个人类基因组的序列。

杜伯克还阐述了后一种选择的必要性与艰巨性，他说："这一计划的意义，可以与征服宇宙的计划媲美。我们也应该以征服宇宙的气魄来进行这一计划。"他还说："这样的工作是任何一个实验室难以独自承担的，它应该成为国家级项目，并成为国际性项目。人类的DNA序列是人类的真谛。这个世界上发生的一切事情，都与这一序列息息相关。"

在杜伯克提出这一设想之前的1984年，美国科学界关于人类基因组的讨论已经开始。历经五年的反复调查和论证，弄清了开展人类基因组计划的重要意义和可行性之后，1990年，美国国会批准该国的人类基因组计划于当年10月1日正式启动。

二、人类基因组计划的"全球化"进程

美国的人类基因组计划的总体规划是拟在 15 年内，至少投入 30 亿美元，进行对人类全基因组的分析。其主要内容包括：①人类基因组的基因图构建与序列分析；②人类基因的鉴定；③基因组研究技术的建立；④人类基因组研究的模式生物；⑤信息系统的建立。此外还有社会、法律与伦理问题的研究，交叉学科的研究，技术的转让，研究计划的外延等共九个方面的内容。

美国该计划中的硬任务是第一项，即人们现在所说的三张图：遗传图、物理图、序列图。第二项是在第一项任务的基础上进行的更为长期而艰巨的任务。随后三项是为第二项任务服务的技术手段。而其他几项，则是在实施人类基因组计划中，对接踵而来的社会、经济问题，以及更重要的法律、伦理问题的研究。因为对于人类生物学和个人遗传信息的了解，可能会给社会以及个人带来复杂的伦理与法律问题。

由于人类基因组计划将给医学和生命科学带来不可估量的好处，产生巨大的经济效益，因此，这一计划一经提出，即被各国广泛接受，并成为国际性的重大计划。

意大利是欧洲最早开始国家级人类基因组研究的国家。在杜伯克的影响下，意大利的国家研究委员会在 1987 年组织了 15 个（现发展到 30 个）实验室开始了人类基因组研究。意大利政府还将人类基因组研究视为进入世界科技强国行列的途径。

英国的人类基因组计划于 1989 年 2 月开始，其特点可归纳为"全国协调，资源集中"。全国协调与资助由帝国癌症研究基金会和国家研究委员会共同负责，建立了"英国人类基因组资源中心"及 YAC 筛选与克隆、特异细胞株、DNA探针、基因组DNA、cDNA文库、序列分析、信息等各"资源中心"，向全国的有关实验室免费提供技术、实验材料及服务。

法国的国家人类基因组计划于1990年6月宣布开始，其计划由法国科学研究部委托本国国家医学科学院制定。主要特点是注重整体基因组（相对于美国的单个染色体策略）、DNA和自动化。

丹麦的人类基因组计划于1991年开始，其特点是由该国五个有影响的研究所组成"丹麦人类基因组研究中心"，发挥丹麦的遗传病、流行病调查登记资料齐全，以及拥有较多遗传病家系的特点，用以定位、克隆具有北欧特点的疾病基因。

欧洲共同体在1990年6月通过了欧洲人类基因组研究计划，主要资助23个实验室，重点帮助"英国人类基因组资源中心"的建立与运转。这也是欧洲要在多个领域赶上并超过美国的一个重要计划。

日本的国家级人类基因组计划在美国的推动下，于1990年开始启动。其特点是该计划由多个部（省）分头资助；建立"以日本人为材料的"基因组文库与cDNA文库；发展先进技术（如激光显微切割技术）。但与日本在其他领域的领先地位相比，日本对人类基因组的研究仍略逊一筹。

此外，加拿大、以色列、瑞典、芬兰、荷兰、挪威、澳大利亚、新加坡、苏联及民主德国等国家也都开始了不同规模、各有特色的人类基因组研究。德国在1995年也开始了这项研究计划。

人类只有一个基因组，人类基因组的研究成果应该成为人类共同享有的财富。1988年4月，在各国科学家的倡导下，国际人类基因组组织成立，它是一个由全世界从事人类基因组研究的科学家参与，协调全球范围的人类基因组研究的组织，被誉为"人类基因组的联合国"。

1988年10月，联合国科教文组织成立了人类基因组委员会。该委员会 1990 年在莫斯科召集了以发展中国家为主体的人类基因组会议，1992 年在巴西召开了第一次南北基因组会议。

发展中国家也以积极的态度参与这一国际活动，印度、巴西、墨西哥、智利、肯尼亚等国以不同的方式参与了这一全球范围的合作。

我国生物医学科学界于 1994 年 4 月正式启动中国人类基因组计划，主要内容有：①以永生细胞株形式保存若干具有代表性的民族基因及濒临灭迹的少数民族基因，构建我国民族基因组资源库；②开发和改进与人类基因组研究有关的新技术；③在与人类疾病密切相关的位点上进行基因结构、功能的研究。

三、人类基因组计划的特点与"HGP"精神

人类基因组计划至少有以下三个特点，值得所有科学技术工作者引为借鉴。

1. 在研究策略上，人类基因组计划把遗传学升华为基因学和基因组学

细胞是生命的基本单位。如今，随着生物学向分子水平发展，人们认识到各种生命现象都与基因的结构和功能有关。从某种意义上说，细胞学在细胞水平上曾统一了被分为动物学、植物学、微生物学的生物学，而基因组学则在分子水平上统一了整个生物学。现在生物学、医学的各个分支都在讨论有关基因的内容，"基因"已经成为所有医学家、生物学家的"共同语言"。人类基因组计划以前的基因学偏重于单个基因的研究，而人类基因组计划则是把目光投向整个基因组的所有基因，从整体水平去考虑基因的存在、基因的结构与功能、基因之间的相互关系等。

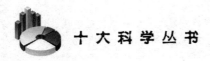

2. 在信息与材料上，实现了全球联网"信息"传递

人类基因组计划的实施与全球化，借助了信息革命的技术成果。人类基因组计划在自然科学史上第一次建立了遍布全球的完整的数据库与信息网络。遗传图、物理图、序列图的构建能够得以提前、完整地完成，是信息高速公路的优越性最成功地体现。人类基因组计划也是自然科学史上第一次将实验试剂从物质的变成信息的。研究人类基因组最重要的试剂——DNA 探针与引物，可以通过国际互联网络直接索取相应的 DNA 序列，并据此在自己的实验室里进行合成。

3. 在计划实施上，人类基因组计划是人类历史上第一次由全世界各国科学家一起执行的科研项目

从实施人类基因组计划开始，具有远见的科学家即呼吁各国政府重视这一科研项目，号召全世界的科学家共同参与，并建议所有的进展、所有的数据应随时公布于众，让全世界免费享用。在实施过程中，各国科学家精诚合作、共享材料、共享数据、共同攻关，这在人类自然科学史上是史无前例的。人类基因组计划与另两个有全球性意义的计划，即"曼哈顿"计划和"阿波罗"登月计划相比，更加显示了人类的协同与进步。

人类基因组计划启动伊始，便十分重视其可能对社会、法律、伦理等方面的冲击，尤其注意加强这方面的研究，并形成了主流意见。特别是国际人类基因组组织的几个重要声明，充分体现了现代科学技术的"求真""求善"及对社会的高度责任感。

四、人类基因组研究已取得的成果

人类基因组研究已经取得的成果，可以用四张图来概括。

1. 遗传图

遗传图又称连锁图，它是以具有多态性（在一个遗传"位点"上具有多个等位基因）的"遗传标记"为"路标"，以遗传学距离（即在产生精子或卵子的减数分裂事件中，两个位点之间进行交换、重组的百分率 cM）为图距，反映基因遗传效应的基因组图。因此，建立人类遗传图的关键是必须有足够的高度多态的遗传标记。

STR 作为遗传标记，使人类基因组的连锁分析与遗传制图发生了革命性的变化。1996 年初，科学家已经建立了有 6000 多个以 STR 为主体的遗传标记，平均分辨率（两个标记之间的平均距离）为 0.7cM 的人类基因遗传图。

人类遗传图的科学意义与实际意义是不可估量的。以 6000 多个遗传标记作为"路"，能够把人的基因组分成 6000 多个区域，只要找到某一表现型的基因与某一标记邻近的证据，就可以把这一基因定位于这一标记所界定的区域。

在疾病的遗传分析中，可以摒弃疾病发生中漫长的、多因子参与的、复杂的生理和生化过程，把疾病看成是一个或多个基因决定的表现型。然后根据"疾病位点"与选定的"遗传标记"之间的遗传学距离，即两个位点之间可能发生"遗传重组"的机率，确定疾病这一表现型基因在基因组中的位置。

2. 物理图

人类基因组的物理图是以一个"物理标记"作为"路标"，以 Mb、Kb、bp 作为图距的基因组图。这一物理标记，以前是一个序列未知的 DNA 片段（DNA 探针），现在是基于 DNA 探针的序列 STS（序列标记位置）。迄今已经有了 15000 个 STS，平均图距（即分辨率）子达 200Kb。与遗传图一样，现有的物理图已把人类庞大的基因组分成具有界标的 15000 个小区域。

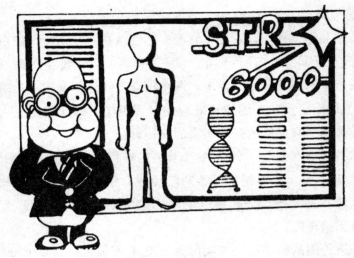

1996 年初，科学家已建立了有 6000 多个以 STR 为主体的"遗传标记"

　　物理图还有一个内容，就是要以 DNA 的克隆片段连接成相互重叠的"片段重叠群"。这些片段都含有同一个 STS 的对应序列。

　　以 STS 为路标的物理图与遗传图相互参照，可以把遗传学信息转化为物理学信息（如某一区域的大小为多少 cM，可基本"折算"成某一区域的大小为多少 Kb），而"片段重叠群"则提供了该区域可以操作的基因，即相互重叠、覆盖这一区域的 DNA 片段，用这些片段作实验操作材料，可进行这一区域的基因组研究或寻找这一区域的基因。

　　3. 序列图

　　人类基因组的核苷酸序列图是分子水平最高层次、最详尽的物理图。测定总长 1 米、由 30 亿核苷酸组成的人类基因组序列图，是人类基因组计划中最为明确、最为艰巨的定时、定量、定质的硬任务。人类基因组计划在开始启动时，估计至少要投入 30 亿美元，历时 15 年，才能建立序列图。

后来，由于策略的成熟，以及寡核苷酸人工合成与自动测序仪的改进，测定速度比以前提高了好几个数量级。

4. 转录图

迄今为止，所有生物的性状，包括疾病都是由结构或功能蛋白质决定的。而已知的所有蛋白质都是由 RNA 聚合酶指导合成的带有多 A（多聚腺苷酸）尾巴的 mRNA（信使 RNA）编码的。因此，人类基因组的转录图或 cDNA（包括 cDNA 片段，即 EST）可表达序列"标记"图，就是人类基因组图的雏形。

在人类基因组中，只有 2％～3％的序列直接为蛋白质编码，而且在人体每一种特定组织中只有 10％的基因表达，即只有不足 1 万个不同类型的 mRNA（只有在胎儿脑组织中，才可能有 30％～60％的基因表达）。根据 mRNA 的特点，可用一种通用性引物以自动或手工测序仪，一次测定 mRNA 双端尾侧的几百个 bp。这一测定 EST 序列的策略已被好几个实验中心所采用。现在国际数据库中 EST 的数量以每日 1000 多个的速度递增，至 1996 年 3 月，EST 的数量至少已有 60 万个，序列总长近 100Mb。

要完成人类基因组的转录图，还需要将 EST 在人的基因组中定位。EST 的大规模快速分离，给研究制造了"瓶颈"—越来越多的 EST 急待定位。而现在直接定位一个 EST 的成本约为 140～170 美元，成本较高。令人欣喜的是，通过 EST 来源的基因组片段来定位 EST 已取得重大进展，约有 70％的 EST 可通过与基因组片段的序列比较而间接地定位。由相互重叠的 EST 组成的重叠片段群已达 3 万多个，它们在基因组中的位置已大致确定或接近确定。

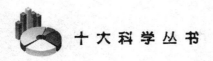

我国自正式启动中国人类基因组计划以来，已按原定计划完成了预期目标，获得了一批重要成果：已完成了南、北方两个汉族人群和西南、东北地区 12 个少数民族共 733 个永生细胞系的建立，为中华民族基因保存了宝贵资源，并开展了我国多民族基因组多样性的比较研究；在致病基因分离、结构和功能研究方面，克隆到了包括白血病在内的一批致病基因，并在相关的研究中有所发现。

此外，我国的基因组研究集合了国内一批优秀的科研群体，初步建立起我国人体基因组研究的协作体系，建成了样品收集保存基地和一批研究中心，并已具备了自行开展基因组多样性研究、自行定位、克隆人类疾病基因和功能基因、进行较大规模 DNA 测序及开发利用基因组数据库的能力。所有这些，都为我国人类基因组研究的深入发展奠定了基础。

我国基因组研究的另一进展，是根据信息共享的原则，与世界上四个主要的人类基因组资料库建立了联系和合作关系，它们分别是美国的基因库、欧洲分子实验室的资料库、日本的 DNA 数据库和美国的人类基因组数据库。

五、人类基因组研究面临严峻的伦理问题

毋庸置疑，人类基因组研究具有重大的科学意义，可带来巨大的经济效益和社会效益，但人类基因组研究也将面临如下严峻的伦理问题。

1. 遗传信息的隐私权问题

人身自由和隐私权都是人享有的基本的权利。那么来源于一个人的体细胞或配子细胞的遗传信息是否也享有同样的权利呢？在伦理学界，对这个问题的回答基本上是肯定的。这主要是因为人类基因组与人的健

康水平、疾病状况、社会生存条件和法律地位等关系太密切了。人类基因组计划中的一个主要目标是绘制遗传图，其方法是通过家系分析，测量不同性状一起遗传（即连锁）的频率，从而在整体水平上对遗传模式进行作图，描述基因和 DNA 标志的排列。因此，遗传图对某些家族来说，可能包含预警信号——该家族对某一种疾病具有易感性，罹患该种疾病的概率相对较大。如此一来，就会产生这样的问题：是充分尊重遗传信息的隐私权呢，还是向该家族发出预警信号，甚至采取保护性、预防性措施呢？

对此，有人主张应以实行隐私权为主。只有当医学上确定会出现严重的、不可避免的疾病时才可解除保密，告知易感家族（目前所有用于基因组计划研究的细胞和 DNA 材料都不公开来源）。但事实上却很难掌握分寸，比如，由遗传图分析结果显示到什么程度才算"严重"和"不可避免"？遗传图分析只是给出特定遗传标记与临床疾病之间相关性的统计学意义，对某一易感家族中某一成员而言，也只是有"统计学意义"而已，很难说百分之百"准确"。具有"统计学意义"的科学结果，对人类或人群进行提醒和"警告"是有其积极意义的，但若用于针对某一具体家族和个人，则有与隐私权相抵触之虞。如何解决这一矛盾呢？我国有的学者认为，目前最好的办法是进行遗传咨询。因为遗传咨询可以在咨询者与被咨询者之间互相信赖，在完全保密的情况下进行，咨询所得信息可作为咨询者婚配、生育，以及为预防可能发生的疾病而采取措施的参考。

实际上，每个人的基因组中都或多或少存在一些"脆弱的"或"不正常"的等位基因，只是对大部分人来说这些"不正常"的基因不表现出来而已。因此，从这个意义上说，每个人对自己的基因组遗传信息都享有隐私权和保密权，同时也都需要遗传咨询。那些认为只有遗传病家族才需进行遗传咨询的看法是片面的。

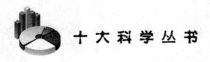

2. 基因组图谱和遗传信息的使用与人的社会权利

人类基因组研究将提供更多现在尚不知道的疾病基因，同时也将提供更多的基因探针，从而可对很多疾病进行基因诊断，特别是遗传性疾病。由此不仅会引发出上述科学活动与隐私权的矛盾，同时还会引发出与人的社会权利的矛盾，如工作权利、生育权利、父母选择子女性别的权利和获得医疗的权利等方面的矛盾。在西方国家，人们估计随着人类基因组研究的逐步深入，各种企事业或政府机构在招聘或雇用人员时不再限于目前的常规身体检查，还要求进行遗传信息和基因的检查。其结果有可能为老板提供各种借口对某些类型的求职者拒之门外，使之失去就业和生存的机会。现在看来，这种残酷的局面迟早会到来。因此，不少人提出这样的伦理难题：从人的工作权利和生存权利看，是否应该为了企业或政府机构以及保险公司的利益而对雇聘人员及投保人进行基因组遗传信息检查？对于那些遗传信息检查有一定潜在问题的人们，是否应限制或不允许他们工作、婚配和生育呢？如果是这样，这些人的工作权利、生育权利和婚配自由又将如何保证？

另外，基因诊断的适应症和准确率的不断提高，势必会出现这样的局面：各种疑、难、顽、杂症的诊断易如反掌，但对这些疾病的治疗却仍有许多困难。这种诊断与治疗的"断层"现象不仅使医生处于尴尬境地，也使患者获得医疗的权利难以从根本上兑现。因此，必须预先估计到诊断超前、治疗滞后可能造成的伦理学困境。也许人们会问，将来基因治疗不是可以解决重大疑难疾病的治疗问题吗？毫无疑问，这种可能性是存在的，但即便是这样，基因治疗本身也还有其伦理学问题。

3. 基因组信息的医学解释与心理压力及名誉损害

就目前而言，人类基因组对人类来说乃是一部"天书"，但就将来而言，这部"天书"终究会变成一部人类遗传信息的"活字典"。到那时，各种伦理问题可能会接踵而至。例如，这部"活字典"查到某种基

现代医学将出现这样的局面：各种疑难杂症的诊断易如反掌，但在治疗上却有很大困难，这造成了诊断与治疗的"断层"现象

因或其变异体与某种疾病有关联，就可能会给携带此种基因或其变异体但并不患病的人们带来灾难性后果，使其一生都在无形的精神压力下度过。有的时候，政府机构或社会团体出于人道主义考虑，也许会对那些携带可能致病的基因的人们或家族采取预防措施（包括定期检查），这样做的结果反而会使被监护的人们或家族感到自卑，承受巨大的社会压力、舆论压力和心理压力。

当人们还处于不能完全准确解释基因组遗传信息的阶段，往往容易片面理解或误解遗传信息与遗传质量和疾病的关系，与个人生命质量的

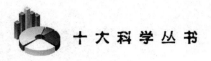

关系，与个人生活质量的关系，以及与个人健康水平的关系。这样就容易造成社会偏见，给某些人的名声带来不好的影响，进而影响到他们及其子女与他人的交往、择偶、求职、上学等。因此，公众对待遗传信息应当具备这样一种心态：实事求是，科学对待；既应当充分了解遗传信息的重大科学意义，又应当在事情尚未搞清楚之前，最好不要"对号入座"。

人类基因组研究既是一项基础研究，又是一种应用研究，最终目的是为人类的健康服务，为医疗服务。只有把关心科学和关心人本身、关心社会结合起来，才能达到既定的科学目的。

六、世纪之战：基因抢夺战

21世纪，一个隐蔽的战场上，正在进行着一场特殊的、静悄悄而又激烈的世纪之战——这就是基因抢夺战，一场资源的抢夺战争。基因大战，国家、民族利益之所系，非同小可，不可忽视。因为一旦抢到有用的基因，就获得了知识产权，就意味着巨大的经济利益——单凭这个小小基因，其转让费就高达数千万美元甚至数亿美元。生物技术产业将是21世纪的支柱产业，基因诊断与基因治疗将是21世纪主要的医疗方法，基因丢失了，必然要付出惨重的代价。在基因方面，发达国家的胃口很大，1996年7月19日美国最权威的《科学》杂志称，哈佛大学有一个庞大的"合作"计划，这个计划打算研究来自全球范围的土著人群的血液样本，其中包括印度次大陆的23个族群。

一位第三世界国家的科学家说："你们曾抢走了我们的宝石和黄金，现在还要抢走我们的基因！"同样，我国基因流失情况也不容乐观。一些国家认为，中国不但可以提供数以亿计的基因组 DNA 标本，还可提供廉价的研究和分离新基因的场所。面对人类基因组研究的激烈竞争形势，面对基因抢夺战，我国科学家开始思考现实，思考对策，思考任务，思考未来。1996 年 11 月 26 日至 11 月 28 日，我国 20 多位基因研究方面的顶尖科学家，汇聚在"香山科学会议"的圆桌旁，认真研讨了我国人类基因组研究面临的种种相关问题，在下列问题上达成了共识。

（1）中国人的基因组资源不容外流和被抢夺。

（2）中国科学家必须立即加入"抢基因"行列，机不可失，时不再来，历史机遇必须把握。

（3）努力提高中华民族的科学知识水平，做好基因知识的普及工作，使华夏大地上凡我同胞都能了解人类基因组研究和疾病相关基因研究的意义、目的、现状及前景，了解基因抢夺战的内幕，为保护中华民族基因组资源做出努力。

（4）欢迎世界上任何国家、地区和机构与我国进行真诚、平等互利的合作，欢迎投资支持我国科技工作者进行新基因分离和基因研究，欢迎进行技术帮助。

（5）对于某些可能不利于我国进行基因组研究的言行，中国科学家将通过科学的、道德的和伦理的途径，向世界发表自己的看法和意见。

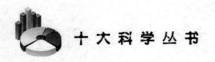

信息高速公路计划

信息高速公路是国家信息基础设施和全球信息基础设施的一种通俗而流行的说法。信息高速公路计划则指美国1993年宣布实施的国家信息基础设施计划。

一、计划的由来

高速公路现在已成为陆上最快捷的交通网络，对各国经济发展起了重要的促进作用。高速公路的迅速发展，得益于美国田纳西州民主党参议员阿尔伯特·戈尔1955年在美国国会上提出的"州际高速公路"法案。

十分有趣的是，36年之后，即1991年，阿尔伯特·戈尔的儿子阿尔·戈尔也在国会提出了一项十分重要的，甚至被称为具有划时代意义的法案——"高性能计算"法案。这一法案首次明确提出在美国实施"高性能计算机和通信"计划，该计划的核心是建设"国家研究与教育网络"。它是以现代通信技术和计算机技术为基础，以光缆为干线，构成整个美国端到端的速度为千兆①比特／秒的 B—ISDN（宽带综合业务数字网），从而把美国全国的科研机构、实验室、图书馆、学校、企业、医院、政府机构以至家庭的各种计算机系统联网，以千兆比特／秒的速度传输文字、语音和图像等信息，从而最大限度地实现信息共享。

计算机信息高速公路

阿尔·戈尔的这个"HPCA"法案，标志着美国在建设国家信息基础设施方面迈出了重要的第一步。

1992 年，克林顿在竞选美国总统时正式提出"国家信息基础设施"（NII），并作为竞选的纲领之一。1993 年 1 月，克林顿就任美国总统后，对美国的科学技术政策作了重大调整，明显加强了信息技术的研究，并授权成立"国家信息基础设施特别小组"（有意思的是，阿

---

① 1 兆 $= 10^6$

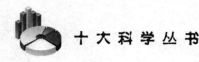
尔·戈尔当选为克林顿的副总统，"NII"计划便由他一手负责）。

　　1993年9月15日，"NII"特别小组通过白宫发表了一篇长达46页的报告，宣布美国将实施一项"永久改变美国人生活、工作和相互沟通方式的信息高速公路计划"，并发表了"国家信息基础设施行动日程表"。这个计划可以理解为建设一个以计算机技术和现代通信技术为"路基"，以光纤光缆为"路面"的"高速公路"。该计划相关的主要技术为光纤通信技术、计算机网络技术和多媒体信息处理技术等。

二、光纤通信技术

　　所谓光纤通信，就是用光导纤维（极细的玻璃丝）将终端与计算机连接起来，利用光的强弱传递信息的方式。

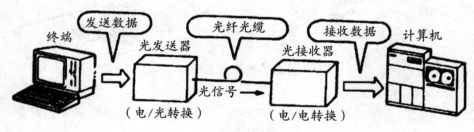

光纤通信示意图

　　光纤通信的特征见表2。

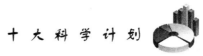
表 2　光纤通信的特点

电气通信的研究课题	光纤通信的特征	说　明
高速大容量通信	·频带宽 ·有很大的定向性	·传输速度为 400 兆比特/速度的 F－400M 已经实用化，正在开发的有 1.6 吉比特/速度的 F－1.6G 方式（按电话换算相当 23040 条通道） ·同轴 FDM 方式的最高传输是 C－60M（模拟传输，11520 个通道） ·激光二极管（LD）发光光谱陡峭，适用于宽频带传输
传输距离（长途传输）	·损耗低 ·重量轻 ·线径细 ·资源省 ·耐水性好、耐腐蚀性好	·光导纤维传输的损耗比同轴电缆低一个数量级，可实现长距离无中继传输 ·长为 1 千米的光导纤维重量为 27 克，18 芯的光导纤维仅有 100 克/米，是 18 芯同轴电缆（10 千克/米）的 1％ ·光导纤维所用的石英玻璃在地球上是取之不尽的 ·不存在金属电缆因水和湿气造成的漏电
高质量传输	·无电磁干扰的故障 ·无短路 ·绝缘性高 ·无串音	·不会因打雷、电车轨道电流及输电线的电流（磁场）干扰造成光信号误码 ·不存在导体外皮破损带来的短路现象 ·因光导纤维本身为绝缘物质，无需在通信设备之间设置绝缘和地线 ·不存在因电缆间信号串音造成信号传输质量下降现象

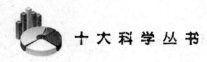

建设信息高速公路，对光纤通信提出了以下新要求。

1. 高速传输系统

对传输速度有新的要求，必须达到 1 吉①比特/秒以上才行。因此，应迅速开发 1 吉比特/秒～20 吉比特/秒的高速光纤传输系统，以此构成信息高速公路的基础设施。

2. 大容量多媒体交换系统

在信息高速公路中，需要沟通主干道高速传输光纤间、干道高速传输光纤间及各种多媒体用户终端间的交换设备，这种设备也是信息高速公路的基础设施。

3. 高速数字通信网络

高速光纤传输系统与高速数字交换设备根据一定的拓扑结构，以及适当的通信规程组成的高速数字通信网络，是信息高速公路的主干网。

三、计算机网络技术

计算机网络是一种数字通信系统，它的结构是将许多分立的计算机、终端和外部设备用通信线路互联起来成为一个集合体，从而实现互相通信，并使所有计算机的硬件、软件实现资源共享。

人们在 20 世纪迎来了无线电时代。电报和电话是 20 世纪极其重要的信息传输工具，它们后来都有了巨大的发展。现在甚至可以说，人们在世界任何地方都能实现直接的电话通信或（电传）电报通信，而且信息的传输可以是交互式的，但其缺点是仍然无法进行信息处理。而在许多情况下，迅速对传输的信息作出处理（如判断、反应等）是十分重要

---

① 1 吉＝1000 兆＝10^9

的，这就要求数字通信的到来——它能在机器与机器（或人）之间高速并且正确地传输大量信息，而且信息可以立即交付计算机处理并传输处理结果，以便于决策。

电子计算机的广泛应用使数字通信有了可能。而要实现数字通信，首先要建立计算机网络。

第一个尝试性的计算机网络是美国空军的"半自动防空系统"，它采用下图所示的系统结构，于1958年在纽约防空区建成并投入运行。此外，美国航空公司1964年开发的实时订票系统可以说是另一个早期的计算机网络，它由一台中央计算机和2000个终端组成，可实现2000个终端地点购买飞机票的业务。上述这两个网络及类似的网络都是一种面向终端的网

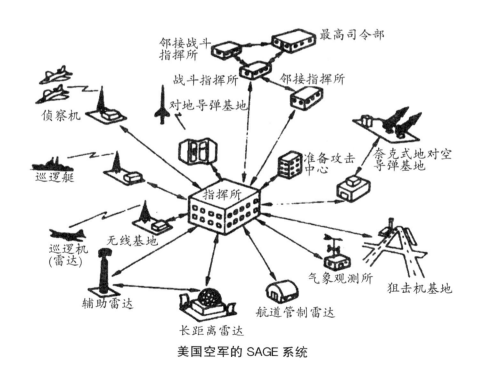

美国空军的 SAGE 系统

络，属于第一代计算机网络。这种网络并没有实现计算机主机间的互联，而互联的几台计算机才是真正意义上的网络。

世界上第一个由主机互联构成的网络是美国国防部高级研究局于1969年底推出的阿帕网，当时联接了四台计算机，第一次实现了不同计算机间的数字通信。人们把它的出现作为计算机网络诞生的标志。

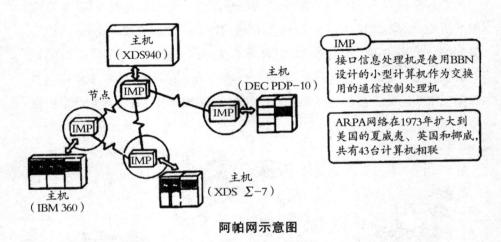

阿帕网示意图

阿帕网的研制目标，首先是在独立的计算机系统间实现交互性的资源共享，包括软件、硬件和数据共享。人们便可以根据需要使用联入网中的任何一台计算机，这使得每一台入网机的功能都有很大提高——有了所有入网机的功能。这样，资源共享提高了计算机的功能。其次，网络提高了计算机的可靠性。利用网络，可以在某一台计算机停机时，马上用另一台代替，这对于战时确保指挥系统的可靠是非常重要的。当然，这种可靠性对经济及生活也是极其重要的。再次，真正实现了数字通信。每一个计算机用户都能获得网上的全部信息，并利用网上的任何机器加以处理。因而，网络使计算机资源得到充分的利用。阿帕网的运行实现了上述所有目标，因此受到人们越来越多的关注，从而有了较快的发展。

1971 年，阿帕网发展到 25 个节点；1972 年，阿帕网的工作人员利用网络投入第一封电子邮件（E－mail），消息传出，网络名声大振；1973 年，阿帕网与卫星对接成功，于是网络延伸到欧洲，当年节点增至 43 个；1995 年，阿帕网的节点达到 100 个。

与此同时，还有一些计算机网络在美国建立起来，如国际航空电信协会的 SITA 网，美国商用计算机网 TYMNET 等；其他国家也开始建立早期的网络，如英国的 EPSS 网，法国的 CYCLADES 网，欧洲的 EIN 网，加拿大的 DATAPAC 网，日本的 DDX－1 网等。

不久，人们把计算机网络分为两类，其中一类是属于政府或私营公司的，它们接受任何要求联网的单位的预约，为任何用户的主机或终端提供服务，这种网络叫做公用数据网（PDN），简称公用网。以上所举大半为公用网，它与公用电话系统相似，一般地也就采用公共电话系统通信。公用网的发展促进了联网的标准化——用户希望不论什么型号的机器都能很容易地经过公用网互联。于是，通过了 TCP/IP1994 年协议（关于软件）、X·251996 年建议（关于硬件）等标准，一些大的计算机厂家也开始建立专有网络体系，为用户提供服务。

在上述工作的基础上，国际标准化组织（ISO）1980 年推出开放式系统互联（OSLL）参考模型，它被视为标准的或通用的网络体系结构。它的推出，标志着计算机网络的发展开始进入到标准化的高级阶段。同年，国际电报电话咨询委员会（CCITT）明确提出有关世界各国使用综合业务数字网（ISDN）的计划。这是一种综合信息交换网络，不仅可将电话信号换成计算机数据，而且还可以综合解决图文传真、电视电话、电子银行等各种信号的交换问题，可提供桌面系统、远端教学、信息共享、多媒体文件存取、屏幕共享等服务。

1986 年，美国阿帕网分成两个部分，军方部分成为独立的国防数据网（DDN），其余部分由国家科学基金会管理，称为国家科学基金会网（NSFNET）。

NSFNET 网由巨型计算机联接各地区的网络群，以六个超级计算机中心为基础，建立三层网络，从而实现了许多公用网和专有网络的互联。因此，人们称之为 Internet，直译为"互联网"。这一提法 1979年就有几家公司提出，但未受重视，此时再一提出，Internet 的名字不胫而走，成为计算机网络的代名词。现在人们广泛使用的，联接许多计算机的国际网络也叫 Internet，按规定现将后者译为"因特网"。

1988 年，商业机构开始进入因特网，如 MCI 电话公司的网络与因特网联网，SPRINT 电话公司、电脑服务公司等也纷纷入网，因特网的网群越来越多。1989 年，位于日内瓦的欧洲粒子物理实验室开发出万维网（WWW:World Wide Web）。这是一种建立在客户／服务器模型之上，能够提供面向各种因特网服务、一致的用户界面的信息浏览系统。1990 年，因特网上建成商业交换网点（CIX）。

上述这些是美国提出信息高速公路计划时的一些前提条件。在实施信息高速公路计划时，计算机网络技术是一个优先发展的领域，因此得到了更加迅速的发展。

在提出信息高速公路计划的同年，即 1993 年，美国伊利诺伊大学的超级计算机中心开发出"摩塞克浏览器"MOSAI（软件），使得因特网用户可以自由下载软件及文件，为因特网的商业应用打下了基础。1994 年，大批商业机构开始在因特网上刊登 Web 页广告，宣告了因特网仅用于科研教育的时代的结束。1995 年，西方七国在比利时布鲁塞尔召开"信息技术部长会议"，确定了"全球信息社会"的构想和方向，信息高速公路计划推行到整个西方世界，进而推行到全世界。1995年，美国国家科学基金会宣布，不再向因特网提供资金，因特网走上了商业化之路。值得一提的是，1996 年，仅美国因特网的广告收入就

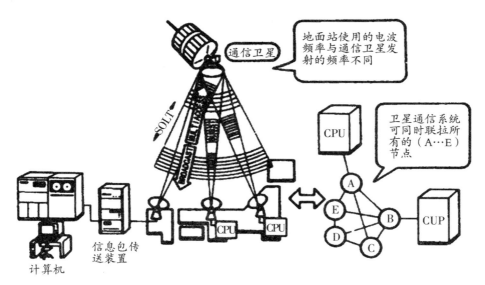

利用通信卫星的网络系统

有 5 亿美元。自 1983 年以来联入因特网的计算机主机（HOST）数量见表 3。

表 3　1983—1997 年联入因特网的计算机主机数量

年份	台数	年份	台数	年份	台数
1983	562	1988	28174	1993	120 万
1984	1024	1989	8 万	1994	221.7 万
1985	1061	1990	29 万	1995	583 万
1986	2308	1991	50 万	1996	1280 万
1987	5089	1992	72.7 万	1997	1 亿①

---

①　1997 年统计的是入网计算机（用户机）数。

1993 年后入网的电子计算机数急剧增多，不能不视为实施信息高速公路计划的结果。到 1998 年中，全世界已有 1.5 亿人使用因特网，并且入网主机数以每月 15％的速度递增，即平均每小时有 100 台主机入网；因特网上的商用 Web 页网址已近 22 万个。至此，因特网已成为人们获取和利用信息的最佳方式，是人们最方便、最普及和最有效的数据通信手段。

因特网具有信息容量大、传播速度快、覆盖面广、反馈直接等特点，因而成为全世界最大、最全面、最重要的信息源。这个国际性的大网络还具有无国籍、无边界、无法律、无警察的立体化性质，是全人类共享的资源，而且每时每刻都能产生新的信息和新的机遇。

目前因特网可提供六大类服务。

（1）电子邮政服务（Electronicmail，E-mail）。

（2）文件传递服务（FTP）。

（3）远程登录服务（TELNET）。

（4）信息查询服务（ARCHIE，GOPHER，WAIS 与 WWW）。

（5）信息研究和发布服务（NEWSGROUP）。

（6）娱乐和谈话服务（Play&Talk）。

（7）电子商务。

因特网下一步的发展趋势是进一步商业化、全民化和全球化。

1996 年 10 月 10 日，美国总统克林顿又提出"因特网Ⅱ"计划，准备将通信速度提高 100 至 1000 倍，以解决原来的因特网过于拥挤的问题。该计划的实施与完成，将使计算机网络发展到一个新的更发达的境地。

四、多媒体信息处理技术

所谓媒体，指的是人类交流信息的媒介或中介。一般来说，媒体有五种类型：感觉媒体、表示媒体、显示媒体、存储媒体和传输媒体。其中的感觉媒体是能直接作用于人的感官，使人产生感觉的媒体，它包括人类的语言、音乐，自然界的各种声音、图形、图像、活动图像、文字（亦称文本）等。

现代人类的信息交流更经常地表现为人—机之间的信息交流。多媒体技术就是人与计算机之间交互式综合处理多种媒体信息的方法，目的是使多种信息建立起一定的关系，集成为一个具有交互性的系统。多媒体技术的实质是把自然界存在的各种媒体数字化，再利用计算机对这些数字化的信息进行处理，以最适合人类的习惯，最容易为人们所接受、同时也是利用率最高的形式提供给用户。

多媒体这一名词来源于电影产生之前——人们试图采用多部幻灯机联动的方式，使静止的幻灯画面"活"起来，再利用留声机把声音插入，使文字也"活"起来，这种多媒体正是电影的前身。"multimedia"一词原是形容词"多种方式的"，后来转意为名词，指这一套幻灯留声机系统，如今又引申为多媒体技术。

从计算机产生之日起，人机界面（亦称接口）就成为探讨的中心问题之一，编译语言、程序设计语言、操作系统可以说都是为此而设置的。但所有这些，都只能解决文本处理问题，对其他感觉媒体如声音、图像、图形等问题仍无法解决，也无法解决人机信息交流的"交互性"的问题。人们一直追求的所谓友好的人机界面，其实质就是解决了上述两个问题的人机界面，后来研制出了多媒体技术下的人机界面，第一次提供了一个多种媒体综合的人机交互性界面。

多媒体技术不是某一个人的一次性发明，它是许多发明综合起来的一项综合性技术。

最先提出并实现了人机交互性界面的，是美国麻省理工学院的 N·尼葛洛庞帝（他后来以《数字化生存》一书闻名世界）。1978 年，他受美国军方的委托，开发了一项虚拟现实的技术：用几个光盘录下美国科罗拉多州阿斯彭（Aspen）市的街道，使得后来可以利用电子计算机模拟出游历阿斯彭街道的过程——操作者不仅能观看，而且能参与，可以按自己的想法向右转或向左转，可以走进商店与售货员谈话，可以停在某一点，也可以让它重演，甚至自己可以决定参与的程序等。这使计算机具有了交互式功能，人们开始利用计算机主动地而非被动地接受信息。在这一技术获得成功的鼓舞下，1979 年麻省理工学院成立了多媒体实验室，就由尼葛洛庞帝主持。

多媒体所采用的磁盘——光盘，则是荷兰飞利浦公司研制开发出来的，其主要负责人为 P·克拉默。他于 1968 年起负责改进音像制品质量问题时，就开始研制开发以光盘取代不太精确的电磁方式。20 世纪 70 年代，研制工作分为影碟和音碟两个方向。1978 年，飞利浦公司率先推出影碟机并投入市场。1981 年，飞利浦公司和日本索尼公司合作推出 CD 音乐光盘（音碟），一张音碟可播放 74 分钟音乐——正好是世界著名指挥家卡拉扬指挥演奏一场贝多芬的《命运交响曲》的时间。1981 年萨尔兹堡复活节音乐会上，飞利浦公司和索尼公司播放了《命运交响曲》的音碟，它极佳的效果立即征服了音乐界，一些音乐界的名人纷纷录制音碟。1982 年，为飞利浦和索尼生产音碟的宝丽金唱片公司售出了 30 万张音碟，而九年之后，仅美国一国销售的音碟就达到此数的 3300 倍！

1984 年，最先推出完整的 PC 机的苹果公司又率先推出了一种具有独特的多媒体功能的计算机"麦金托什"（macintosh，"蜜桔"，不过更普遍的称呼是"大苹果"，简称 MAC 机），它在计算机上最先使用图形用户接口，这是先施公司的一家研究所开发和推荐的。其图形工作方式是前所未有的，并为此使用了鼠标、视窗等技术，相当友好的图形界面一下子抓住了用户的心。对声音它也相当重视，可以作曲并自动控制电声乐队——它的主板上设计了一个八位音效装置。1984 年 1 月，在 MAC 机展销会上，首次露面的 MAC 机以合成语言自我介绍出场："哈罗！我是麦金托什，我会说话。"MAC 机夺得了当年全美硬件产品的桂冠。

　　"大苹果"的成功引起了人们对多种媒体综合处理技术的重视。MAC 机的图形处理基本上是图形或静止图像，能否像电视那样使图形动起来或引入活动图像呢？这一问题立即受到了人们的关注和探讨。人们很快发现，这本质上是一个数据处理的问题。在计算机里，任何图像都先被处理成数字，由于图形具有信息密集的特点，活动图像的信息尤其密集，因此它们转化的数据特别多。例如将 1 小时的电影转化为数字，其数据量高达 100 吉，任何一种存储器存储这些数据都有很大困难，如果用 600 兆光盘要 134 张！而且任何 PC 机都无法处理这么多的数据。因此要解决活动图像的数据处理，就必须先解决数据的压缩和解压缩的问题，这称之为数据压缩技术。

　　数据压缩技术的开拓者是美国贝尔实验室的 C·尚农（他以 1948 年出版的《信息论》一书而闻名世界），他于 20 世纪 40 年代末提出最小冗余编码就是一个数据压缩方法。40 年代，D·A·霍夫曼提出的编码方法是另一种早期的数据压缩方法，后来有所改进。1977 年以后，数据压缩技术开始有了较大发展。1977 年和 1978 年，以色列的 J·杰夫和 A.莱姆派尔分别提出了两种基于字典的新压缩算法，从而引起压缩技术的巨变。1984 年，美国的 T·维尔茨进一步提出 LZW 算法，它

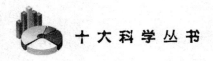
很快就被应用到各种机器中，此外，一些 UNIX 系统也应用了数据压缩功能。1985 年，N·J·外思开发了一个压缩/归档实用程序 ARC，在各种操作系统中得到广泛应用。1991 年公布了静止图像的压缩标准及活动图像的压缩标准，一些数据的压缩比例达到了 50：1，前述 1 小时的电影可以装入 3 个光盘中了——这才达到了要求。

实现多媒体的另一个关键技术是数字视频交互技术（DVI），主要是把电视（采用模拟电子技术）信号数字化，然后用计算机处理，使之具有交互性。这相当重要的，因为电视虽然早就包含了文字、图像、声音等媒体内容，但却不是多媒体，因为它缺乏与使用者的交互性。把电视转变为多媒体的关键是 DVI 技术。

DVI 技术早在 1983 年就有了初步的设想。1986 年，美国 RCA 公司推出了早期的 DVI 实验系统。1987 年，微软公司也进行了在光盘上引入视频图像和声音系统的实验。后来 RCA 公司把它的 DVI 技术卖给 JGE 公司，后者又转卖给 Intel 公司。Intel 公司开始准备用硬件来实现这一技术，1989 年该公司推出第一代 DVI 芯片 750，1991 年推出 750 Ⅱ，但效果都不理想。1992 年，Intel 公司又决定用软件来实现 DVI 技术，于同年底推出了基于微软公司的 windows3.0 的 Indeo 软件，在 PC 的 VGA 显示器上播放出近似电视的运动图像。

1986 年，飞利浦公司和索尼公司又联手推出用于 PC 的 CD 系统。1990 年微软公司等公布的 MPC（多媒体 PC）标准中，把 CD－ROM 驱动器作为标准配置，CD－ROM 真正成了多媒体的软磁盘。在公布 MPC 标准的大会上，多媒体计算机正式诞生了。但当时在声音处理上还有许多不完善之处，MAC 的数字音效装置毕竟相当粗糙，无法充分发挥 MPC 的功能。于是人们试图从硬件上解决声音处理的问题。1986 年，一位加拿大音乐老师与日本雅马哈公司合作，发明了一种"魔奇声卡"（Adlib），曾风靡一时，但效果仍未完善。1991 年，新加坡创新公司的沈望博发明"声霸卡"（SoundBlaster，声音起爆器），解决了声音处理问题。MPC 终于可以展翅高飞了。

现代 MPC

多媒体现在应用于虚拟现实、数字电视（以取代模拟方式下的"高清晰度电视"）、人工智能等几个方面，而作为多媒体的直接实现的MPC 现已全面普及——20世纪末的上市 PC 多数都是 MPC！增加了现代多媒体技术的网络如虎添翼，有了更迅速的发展。为了在网络上传输多媒体信息，一些相关技术也迅速发展起来。

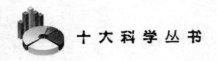

五、计划的意义

现在，光纤通信技术、计算机网络技术、多媒体信息处理技术等三项技术都得到长足的发展。信息高速公路计划正在顺利实施，并产生了巨大的国际影响，世界各国纷纷制定自己的信息高速公路计划。由此人们还提出全球信息基础设施，即全球信息高速公路的问题。

人们普遍认为，信息高速公路计划的实施，不仅涉及通信问题，而且涉及整个经济的发展。信息技术的发展和整个经济乃至社会文明的发展有着密切的关系——一定的信息技术支持着一定类型的社会经济和社会文明的发展；当然，一定的信息技术也是某种社会经济和社会文明的产物（见表4）。

表4　信息技术与社会经济、社会文明的对应关系

信息技术	年　代	社会经济和社会文明的发展
语　言	远　古	人类形成
文　字	公元前5000年起	人类进入文明
纸	公元前后	高度的农业文明
活字印刷术	公元11世纪	古代科学技术的一个高峰（中国宋元科学）
金属活字	公元15世纪	欧洲文艺复兴
邮　政	18世纪	第一次工业革命（蒸汽机）
电报和电话	19世纪	第二次工业革命（电力）
广播、电视	20世纪中叶	第三次工业革命（原子能）
计算机（网络）	20世纪60年代	新技术革命（计算机）
信息高速公路	20世纪90年代	知识经济

如表所述，信息高速公路与经济信息化以及知识经济密不可分。可以说，正是信息高速公路把知识经济提上了日程。人们倾向于认为，美国 20 世纪 90 年代出现的所谓"新经济"就与此有关。

所谓"新经济"，指的是美国连续八年经济保持持续增长，出现了高经济增长、低通胀和低失业率并存的状态，而这在以前的实践中是不可能并存的，在经济理论中也是没有过的。之所以出现这种情况，人们认为是由于美国最先建立了信息高速公路，"经济从 20 世纪 90 年代起开始进入网络经济时代，其特点是在网络上以知识产品的生产为基础，这与传统的非网络、非知识经济有重大的区别。不妨把新经济界定为网络化、知识化、数字化的经济，即通过网络进行知识的生产和非知识商务运行的经济，而知识又是以数字形式存在的"。

这必然影响到全世界——各国要在新一轮经济竞争中获胜，就必须依赖于信息高速公路的建设。面对知识经济的挑战，最好的适应性举措是建设自己的信息高速公路。而全球性信息高速公路的建立，又为人类社会和文明的进一步发展，奠定了新的基础。